“十二五”普通高等教育本科国家级规划教材
普通高等教育“十一五”国家级规划教材

模具数控加工技术

第2版

主　编　贾慈力
副主编　阳　林
参　编　彭浩舸　顾雪艳　胡义刚　赵中华
主　审　秦鹏飞　魏　建

机械工业出版社

本书为普通高等教育“十二五”“十一五”国家级规划教材，主要介绍数控加工技术的基本知识及其在模具加工中的应用。全书内容共分六章，包括：数控技术在模具加工中的应用、数控机床的基本结构、模具数控加工工艺基础、数控加工编程基础、模具数控加工编程实例、CAD/CAM 系统应用基础。

本书适于高等工科院校材料成形及控制工程专业本科教学使用，亦可供高职高专及其他机械类专业教学参考。

为方便教学，本书配有 PPT 电子课件，位于机械工业出版社教材服务网上（www.cmpedu.com），向使用本书的授课教师免费提供。

图书在版编目（CIP）数据

模具数控加工技术/贾慈力主编. —2 版. —北京：机械工业出版社，2011.4（2025.7 重印）

普通高等教育“十一五”国家级规划教材

“十二五”普通高等教育本科国家级规划教材

ISBN 978-7-111-33680-8

Ⅰ.①模... Ⅱ.①贾... Ⅲ.①模具—数控机床—加工—高等学校—教材 Ⅳ.①TG76

中国版本图书馆 CIP 数据核字（2011）第 036855 号

机械工业出版社（北京市百万庄大街 22 号　邮政编码 100037）

策划编辑：冯春生　责任编辑：冯春生　周璐婷

责任校对：佟瑞鑫　封面设计：张　静

责任印制：刘　媛

北京富资园科技发展有限公司印刷

2025 年 7 月第 2 版第 9 次印刷

184mm×260mm · 8.25 印张 · 198 千字

标准书号：ISBN 978-7-111-33680-8

定价：28.00 元

电话服务　　网络服务

客服电话：010-88361066　机 工 官 网：www.cmpbook.com

010-88379833　机 工 官 博：weibo.com/cmp1952

010-68326294　金 书 网：www.golden-book.com

封底无防伪标均为盗版　机工教育服务网：www.cmpedu.com

第 2 版前言

本书第 1 版作为普通高等教育材料成形及控制工程专业（模具方向）规划教材，在数十所工科院校的材料成形及控制工程专业特色课程教学中应用了六年。很多院校教师在数年采用本书教学后，提出了许多宝贵建议，同时数控加工技术及其在模具行业中的应用也有了更新的发展，据此情况，编者对本书做了修订。

本书在先进制造技术、计算机数控系统、数控编程技术等方面做了一些补充完善，内容编排考虑到材料成形及控制工程专业的课程基础和教学需求，以基本知识为主，叙述简明扼要。

全书内容分为六章，包括：数控技术在模具加工中的应用、数控机床的基本结构、模具数控加工工艺基础、数控加工编程基础、模具数控加工编程实例、CAD/CAM 系统应用基础。本书适于高等工科院校材料成形及控制工程专业本科教学使用，亦可供高职高专及其他机械类专业教学参考。

本书由上海工程技术大学贾慈力任主编并统稿，广东工业大学阳林任副主编，参加编写的人员有：阳林（第一章，第四章第一、二、六、七节）、贾慈力（第二章，第四章第三、四、五节）、湖南工程学院彭浩舸（第三章）、南京工程学院顾雪艳（第五章）、上海工程技术大学胡义刚（第六章第一节）、上海工程技术大学赵中华（第六章第二节）。

东华大学博士生导师秦鹏飞教授和上海市曙光学者魏建教授担任本书主审，两位学者对本书提出了许多宝贵意见，在此感谢他们对本书的关爱和指导。

本书的编写和修订得到了机械工业出版社的大力支持，谨此表示衷心的感谢。

因编者水平有限，书中难免有不妥之处，恳请读者批评指正。

编　者

第1版前言

模具是现代产品生产中的重要工艺装备之一，小到螺钉，大到飞船，许多产品的生产都离不开模具，模具制造技术已成为衡量制造业发展水平的一个重要标志。随着科技进步和工业技术的发展，人们对产品的品种、款式、质量等要求越来越高，产品的生命周期也越来越短，这样便促使模具行业大量采用先进制造技术，其中，数控加工技术已成为广泛应用于模具制造的重要工艺技术。

我国将成为世界制造中心，需要大量的善于进行技术创新的应用型人才，同时教育也要不断地改革创新。在这样的形势背景下，机械工业出版社组织全国十多所工科院校，根据教育部2003年高等教育工作会议关于“改革、创新”的指示精神，对材料成形及控制工程专业的建设和教学改革进行了认真研讨，并为适应专业教育的教学改革新要求，统编了普通高等教育材料成形及控制工程专业(模具方向)规划教材，《模具数控加工技术》即为其中之一。

《模具数控加工技术》主要介绍数控加工技术的基本知识及其在模具加工中的应用。全书内容共分六章，包括：数控技术在模具加工中的应用、数控机床的基本结构、模具数控加工工艺基础、数控加工编程基础、模具数控加工编程实例、MasterCAM应用基础。本书适于高等工科院校材料成形及控制工程专业教学使用，亦可供高职高专及其他机械类专业本科教学参考。

本书由上海工程技术大学贾慈力主编并统稿，广东工业大学阳林任副主编。参编人员有：阳林(第一章,第四章第一、二、六节)、贾慈力(第二章,第四章第三、四、五节)、湖南工程学院彭浩舸(第三章)、南京工程学院赵建峰(第五章)、上海工程技术大学胡义刚(第六章)。

本书主审由东华大学博士生导师秦鹏飞教授担任。秦鹏飞教授参与了本书从最初大纲的制定到最后定稿的整个编写过程，并提出了许多宝贵意见，在此感谢他对本书的关爱和指导。

本书的编写得到了机械工业出版社的大力支持，也得到了许多同志的鼎力相助，谨此表示衷心的感谢。

因编者水平有限，书中难免有错误和不妥之处，恳请读者批评指正。

编　者

目录

第一章　数控技术在模具加工中的应用

随着工业产品不断向多样化和高性能化发展，产品生产厂家要求模具制造业在短时期内为新产品的开发和投产提供高精度的模具。模具制造业为了适应用户的这一要求，充分利用数控加工等先进制造技术，使模具加工技术由传统的手工操作进入到以数控加工为主的新阶段。

模具零件制造属于单件小批量生产方式，型腔、型芯的形状往往比较复杂，难以在短时间内自动完成，制造质量也不易保证。在数控技术出现之前，除了用于大批量生产的专门生产线具有较高的自动化程度外，各种零件的制造基本上由手工操作完成。此时零件一般由直线、圆弧等简单的几何元素构成。数控技术的产生和发展，为复杂曲线、曲面模具零件的单件小批量自动加工提供了极为有效的手段。

电子技术的飞速发展，促进了数控技术由硬件数控到计算机数控的发展，计算机为更有效地使用数控技术发挥了巨大的作用。利用计算机，进一步提高了数控加工的精度，而且不断拓宽了数控技术的应用领域，从复杂的几何造型系统到计算机辅助工艺规划、数控自动编程等。随着人们对数控加工研究的日臻完善，各种各样的CAD/CAM系统不断涌现，目前CAD/CAM系统及数控技术在模具加工领域中起着不可缺少的重要作用。

一、数控加工简介

数控技术，简称“数控”，英文为Numerical Control(NC)，是指用数字、文字和符号组成的数字指令来实现一台或多台机械设备动作控制的技术。它所控制的通常是位置、角度、速度等机械量，以及与机械能量流向有关的开关量。数控的产生依赖于数据载体和二进制形式数据运算的出现。数控技术是与机床控制密切结合发展起来的。1952年，第一台数控机床问世，成为世界机械工业史上一件划时代的事件，推动了自动化的发展。

现在，数控技术也叫计算机数控技术，它是采用计算机实现数字程序控制的技术。这种技术用计算机按事先存储的控制程序来执行对设备的控制功能。由于采用计算机替代原先用硬件逻辑电路组成的数控装置，使输入数据的存储、处理、运算、逻辑判断等各种控制机能均可以通过计算机软件来完成。

二、数控加工的特点

数控加工，也称为NC加工，是以数值、符号构成的信息控制机床，实现自动运转。数控加工经历了半个世纪的发展，已成为应用于当代各个制造领域的先进制造技术。数控加工的最大特征有两点：一是可以极大地提高精度，包括加工质量精度及加工时间误差精度；二是可以提高加工质量的重复精度，稳定加工质量，保持零件加工质量的一致性。也就是说，加工零件的质量及加工时间是由数控程序决定而不是由机床操作人员决定的。

数控加工具有如下优点：

1）提高生产效率。

2）不需要熟练的机床操作人员。

3）可以提高加工精度，并且保持加工质量一致。

4）可以减少工装夹具。

5）易于进行加工过程管理。

6）可以减少检查工作量。

7）可以降低废、次品率。

8）便于设计变更，加工设定柔性强。

9）容易实现操作过程的自动化，一人可以操作多台机床。

10）操作简便，可以极大地减轻体力劳动的强度。

随着制造设备数控化率的不断提高，数控加工技术在我国已得到了日益广泛的应用。在模具行业，掌握数控技术与否及加工过程中数控化率的高低，已成为企业是否具有竞争力的象征。

三、数控加工的适用范围

数控加工的特点是加工的零件一致性好、质量稳定、加工精度高。但是，数控加工设备昂贵，加工准备周期长。因此，数控加工有其一定的适用范围。

1）多品种小批量零件。这是因为数控机床设备费用高昂，与大批量生产采用的专用机床相比其效率还不够高。通常采用数控机床加工的合理生产批量在10~100件之间。

2）结构比较复杂的零件。通常数控机床适宜于加工比较复杂，在非数控机床上加工时需要有昂贵的工艺装备（工具、夹具、模具）的零件。

3）需要频繁改型的零件。

4）价格昂贵、不允许报废的关键零件。

5）需要最少生产周期的急需零件。

推广数控机床的最大障碍是设备的初始投资大，且系统本身比较复杂，增加了维修困难与费用。同时，数控机床加工需要编制程序，当加工零件形状不太复杂时，可以手工编程，但易出错且速度慢；当零件形状复杂时，则必须使用自动编程系统，这就需要配备专门的程序设计人员，并对程序进行校验与试切削验证，之后才能进行实际生产加工。

因此，在决定选用数控加工时，需要进行反复对比和仔细的经济分析，使数控机床能发挥出其最好的经济效益。

四、数控机床在模具加工中的应用

模具作为现代工业生产的重要工艺装备之一，对提高产品的产量和质量起着非常重要的作用。模具的设计和制造水平也常常反映一个国家的工业发展程度。模具生产一般具有以下特点：

(1) 模具型面复杂、不规则　有些产品如汽车覆盖件、飞机零件、玩具、家用电器等，其表面形状是由多种曲面组合而成，相应的模具型腔面、型芯也比较复杂，甚至某些曲面必须用数学计算方法进行处理。

（2）模具表面质量及尺寸精度要求高　一套模具通常由上模、下模和模架组成，有些还可能有多件拼合模块。上下模的组合、镶块与型面的配合、镶块之间的拼合等均要求有很高的加工精度和很低的表面粗糙度值。精密模具的尺寸精度往往要达到微米级。

（3）生产批量小　模具是用于大批量生产的工艺装备，作为模具本身的产品数量是很少的，因此模具零件属于典型的单件小批量生产方式，很多情况下只生产一二套。

（4）加工工序多　一套模具的制作总离不开车、铣、钻、镗、铰和攻螺纹等多种工序。

（5）模具材料优异，硬度高、价格贵　模具多采用优质合金钢制造，特别是高寿命的模具，常采用 Cr12、CrWMn 等莱氏体材料制造，这类钢材从毛坯锻造、加工到热处理均有严格要求，因此加工工艺的编制就更加不容忽视。

过去模具零件的加工依赖于手工操作，制造的质量不易保证，也难以在短期内完成。目前模具加工广泛采用数控加工技术，从而为单件小批量的曲线、曲面模具自动加工提供了极为有效的手段。

由于采用了数控机床，模具零件的加工过程发生了很大的变化。例如模板的加工，过去采用手工划线、钻床钻孔、带锯加工矩形孔、立铣加工型孔、手工攻螺纹五道工序。改用数控机床加工后，则由数控机床定位钻孔，减少了手工划线工序，而且孔位精度也有了提高。如果使用加工中心，则一次装夹可完成所有的加工内容。由于减少了装夹和工序转移的等待时间，大幅度缩短了加工周期，同时也减少了多次装夹带来的孔位误差，提高了加工精度。

数控机床在模具加工中应用的方式主要有以下几种：

（1）数控铣削加工　由于数控铣削加工具有生产效率较高，加工精度高，可以实现多轴联动，能加工复杂形状及加工的适应性强，只要改变加工程序就可以加工出不同形状的零件等特点，因而特别适合于单件或小批量生产的模具制造。数控铣削加工在模具制造行业的主要应用有：塑料注射模、塑料压制模、轻金属压铸模和锻模等具有复杂曲面及轮廓的型腔模加工。

（2）数控电火花成形加工　数控电火花成形加工在模具制造中主要用于加工冲模、锻模、塑料模、拉深模、压铸模、挤压模、玻璃模、胶木模、陶土模、粉末冶金烧结模、花纹模等型腔及深槽、窄槽等部位。

（3）数控电火花线切割加工　数控电火花线切割加工主要用于平面形状的金属模加工、立体形状的金属模加工、电火花成形加工用电极制作、试制品及零件加工、轮廓量规的加工、微细加工等。

（4）数控车削加工　对于旋转类模具零件，一般采取数控车削加工，如车外圆、车孔、车平面、车锥面等。酒瓶、酒杯、保龄球、转向盘等模具，都可以采用数控车削加工。

（5）数控磨削加工　它分为数控外圆磨削、数控坐标磨削、数控强力磨削和数控立式磨削，其中数控坐标磨削在磨具加工中主要应用于成形孔磨削、沉孔磨削、内腔底面磨削、凹球面磨削、二维轮廓磨削、三维轮廓磨削、成形磨削等。

另外还有其他的一些数控加工方式，如数控钻孔、数控冲孔等。所有这些数控加工方式，为模具提供了丰富的生产手段。总之，各种数控加工方法为模具加工提供了各种可供选择的手段。随着数控技术的发展，越来越多的数控加工方法应用到模具制造中，使模具制造的前景更加广阔。

五、模具加工技术的现状与发展趋势

当前，我国工业生产的特点是产品品种多、更新快和市场竞争激烈，在这种情况下，用户对模具制造的要求是交货期短、精度高、质量好、价格低，模具技术的发展是与这些要求相适应的。

1. 在模具设计制造中将全面推广 CAD/CAM/CAE 技术

模具 CAD/CAM/CAE 技术，是模具技术发展的一个重要里程碑。实践证明，模具 CAD/CAM/CAE 技术是模具设计制造的发展方向。现在，全面普及 CAD/CAM/CAE 技术的条件已基本成熟。随着微机软件的发展和进步，技术培训工作也日趋简化。在普及推广模具 CAD/CAM 技术的过程中，应抓住机遇，重点扶植国产模具软件的开发和应用；加大技术培训和技术服务的力度；进一步扩大 CAE 技术的应用范围。有条件的企业应积极做好模具 CAD/CAM 技术的深化应用工作，即开展企业信息化工程，可从 CAPP、PDM、CIMS、VR 逐步深化和提高。用于模具设计制造的计算机软件，将向智能化、集成化方向发展。

2. 快速原型制造(RPM)及相关技术将得到更好的发展

快速原型制造(RPM)技术是美国首先推出的。它是伴随着计算机技术、激光成形技术和新材料技术的发展而产生的，是一种全新的制造技术，是基于新颖的离散与堆积(即材料累加)成形思想，根据零件 CAD 模型，快速自动完成复杂的三维实体(模型)制造。RPM 技术是集精密机械制造、计算机、NC 技术、激光成形技术和材料科学最新发展的高科技技术为一体的，被公认为是继 NC 技术之后的一次技术革命。

RPM 技术可直接或间接用于模具制造。首先是通过立体光固化(SLA)、叠层实体制(LOM)、激光选区烧结(SLS)、三维打印(3D-P)、熔融沉积成形(FDM)等不同方法得到制件原型。然后通过一些传统的快速制模方法，主要有精密铸造、粉末冶金、电铸和熔射(热喷涂)等，获得长寿命的金属模具或非金属的低寿命模具。用这种方法制模，具有技术先进、成本较低、设计制造周期短、精度适中等特点，从模具的概念设计到制造完成，仅为传统加工方法所需时间的1/3和成本的1/4左右。因此，快速制模技术与快速原型制造技术的结合，将是传统快速制模技术进一步深入发展的方向。用 RPM 技术制造出原型后，或用实物，使用旋转铸造(用热硬化橡胶作模具)可快速、低成本地制造小批量零件，发展前景很好。

RPM 技术还可以解决石墨电极压力振动(研磨)成形法中母模(电极研具)制造困难的问题，使该法获得新生。青岛海尔模具有限公司还构建了基于 RE(逆向工程技术)/RPM 的模具并行开发系统，具有开发质量高、开发成本低及开发周期短等优点。

3. 高速铣削加工将得到更广泛的应用

国外近年来发展的高速铣削加工，主轴转速可达40000~100000r/min，快速进给速度可达到30~40m/min，加速度可达1g，换刀时间可提高到1~2s。这样就大幅度提高了加工效率，并可获得 $Ra\leqslant 1\mu m$ 的加工表面粗糙度。另外，还可加工硬度达60HRC的模块，形成了对电火花成形加工的挑战。高速切削加工与传统切削加工相比，还具有温升低(加工工件只升高3℃)、热变形小等优点。目前它已向更高的敏捷化、智能化、集成化方向发展。高速铣削必须与相应的软件、加工工艺、刀具及其夹紧头相配合。高速铣削加工技术的发展，促进了模具加工技术的发展，特别是对汽车、家电行业中大型型腔模具制造注入了新的活力。

4. 模具高速扫描及数字化系统将在逆向工程中发挥更大作用

高速扫描机和模具扫描系统，已在我国200多家模具厂得到应用，取得了良好效果。该系统提供了从模型或实物扫描到加工出期望的模型所需的诸多功能，大大缩短了模具的研制、制造周期。有些快速扫描系统，可安装在已有的数控铣床及加工中心上，如用雷尼绍的SP2-1扫描测头实现快速数据采集，采集的数据通过软件可自动生成各种不同数控系统的加工程序及不同格式的CAD数据，用于模具制造业的“逆向工程”。高速扫描机扫描速度最高可达3m/min，大大缩短了模具制造周期。目前模具扫描系统已在汽车、摩托车、家电等行业得到成功应用，逆向工程和并行工程将在今后的模具生产中发挥越来越重要的作用。

5. 电火花铣削加工技术将得到发展

电火花铣削加工技术也称为电火花创成加工技术，这是一种替代传统的用成形电极加工型腔的新技术，它是由高速旋转的简单的管状电极作三维或二维轮廓加工(像数控铣一样)，因此不再需要制造复杂的成形电极，这显然是电火花成形加工领域的重大发展。国外已有使用这种技术的机床在模具加工中进行应用，预计这一技术将得到发展。

6. 超精加工和复合加工将得到发展

目前航空航天等部门已应用纳米技术，这就要求必须要有超高精度的模具制造超高精度的零件。随着模具向精密化和大型化方向发展，加工精度超过1μm的超精加工技术和集电、化学、超声波、激光等技术综合在一起的复合加工将得到发展。兼备两种以上工艺特点的复合加工技术在今后的模具制造中将有广阔的前景。

7. 热流道技术将得到推广

由于采用热流道技术的模具可提高制件的生产率和质量，并能大幅度节省制件的原材料和节约能源，所以广泛应用这项技术是塑料模具的一大变革。国外热流道技术的发展很快，许多塑料模具厂生产的模具已有一半用上了热流道技术，有的厂甚至已达80%以上，效果十分明显。国内近几年来已开始推广应用，但总体还未达到10%，仅个别企业达到30%左右。制定热流道元器件的国家标准，积极生产价廉高质量的元器件，是发展热流道技术的关键。

8. 气体辅助注射技术和高压注射成型等工艺将进一步发展

气体辅助注射成型是一种塑料成型的新工艺，它具有注射压力低、制品翘曲变形小、表面质量好以及易于成型壁厚差异较大的制品等优点，可在保证产品质量的前提下，大幅度降低成本。国外已比较成熟，国内目前在汽车和家电行业中正逐步推广使用。气体辅助注射成型包括塑料熔体注射和气体(一般均采用氮气)注射成型两部分，比传统的普通注射工艺有更多的工艺参数需要确定和控制，而且气体辅助注射常用于较复杂的大型制品，模具设计和控制的难度较大，因此，开发气体辅助成型流动分析软件，显得十分重要。

为了确保塑料件精度，将继续研究发展高压注射成型工艺与模具，以及注射压缩成型工艺与模具。在注射成型中，影响成型件精度的最大因素是成型收缩。高压注射成型可减小收缩率，增加塑件尺寸的稳定性。模具要求刚性好、耐高压，特别是精密模具的型腔应淬火，浇注系统密封性好，模温能准确控制。注射压缩成型技术，是在模具预先半开模状态或者在锁模力保持中压或低压，模具在设定的打开量下，注射熔融树脂，然后以最大的锁模力进行压缩成型，其效果是：①成型件局部内应力小；②可得到缩孔少的厚壁成型件；③对于塑件狭窄的部件也可注入树脂；④用小注射力能得到优良制品。该类模具的理想模具结构是：①注射时树脂以低的流动阻力迅速充填型腔；②充填后能立刻遮断浇注系统部位；③压缩作用应仅限于型腔部位。

金属、陶瓷粉末注射成型工艺经过"七五"、"八五"技术攻关，"九五"开始产业化。该工艺适用于制造几何形状复杂、精密及具有特殊要求的小型零件(0.2～200g)，生产效率高，易于实现大批量生产，配合这一工艺的模具将随该工艺的发展而发展。

9. 模具液压成形技术将进一步开拓应用

液压成形工艺是模具胀形技术采用的一种工艺手段，过去在带轮等类似的产品上得到广泛应用。目前该技术已拓展到汽车行业，在汽车零部件生产中采用的工艺过程是：利用管件或在两层钢板间，在密封的条件下，通过注入高压油，使其按模具的型腔压制成所需形状的制件。该方法简化了模具结构和减少了副数，克服了在常规成形过程中材料严重变薄的状况，提高了产品质量，大幅度降低了生产成本。例如，上海大众汽车公司的B5车型副车架产品就是采用该工艺方法成形。

但由于成形工艺的限制，某些沿纵轴截面弯曲变化大的构件尚不适宜。另外，把成形介质(高压油)传输到板材或管件之间的引入问题，尚未得到满意的解决，因此有待进一步发展该工艺，在更多领域得到开拓应用。

10. 模具标准化程度将不断提高

我国模具标准化程度正在不断提高，估计目前我国模具标准件使用覆盖率已达到30%左右。国外发达国家一般为80%左右。为了适应模具工业发展，模具标准化工作必将加强，模具标准化程度将进一步提高，模具标准件生产也必将得到发展。

11. 优质材料及先进的表面处理技术将进一步受到重视

在整个模具价格构成中，材料所占比例不大，一般在10%～30%之间，因此选用优质钢材和应用相应的表面处理技术来提高模具的寿命就显得十分必要。对于模具钢来说，可采用电渣重熔工艺，努力提高钢的纯净度、等向性、致密度和均匀性，以及研制更高性能或具特殊性能的模具钢，如采用粉末冶金工艺制作的粉末高速钢等。粉末高速钢解决了原来高速钢冶炼过程中产生一次碳化物粗大和偏析从而影响材质的问题。其碳化物微细，组织均匀，没有材料方向性，因此它具有韧性高、磨削工艺性好、耐磨性高、长年使用尺寸稳定等特点，是一种很有发展前途的钢材，特别对形状复杂的冲件及高速冲压的模具，其优越性更加突出。这种钢材还适用于注射成型添加玻璃纤维或金属粉末的增强塑料的模具，如型腔、型芯、浇注系统等主要部件。另外，模具钢品种规格多样化，产品精料化、制品化，尽量缩短供货时间亦是重要的研究方向。

其他优质模具材料如硬质合金、陶瓷材料、复合材料等的扩大应用，也十分重要。模具热处理和表面处理是能否充分发挥模具钢材料性能的关键环节。模具热处理的发展方向是采用真空热处理。模具表面处理除完善普及常规表面处理方法，如渗碳、渗氮、渗硼、渗铬、渗钒外，应发展工艺先进的气相沉积(TiN、TiC等)、等离子喷涂等技术。

由于铝合金材料重量轻、切削性能好、热导率和电导率高、焊接性能优良，用它作模具材料可缩短制模周期和降低模具成本，且用于塑料模可有10万次以上寿命，因此用铝合金进行高速切削来制作快速经济模具已在世界上得到较为广泛的应用，我国也已开始使用。预计今后将会得到较快发展。

12. 模具研磨抛光将向自动化、智能化方向发展

模具表面的精加工是模具加工中未能很好解决的难题之一。模具表面的质量对模具使用寿命、制件外观质量等方面均有较大的影响，我国目前仍以手工研磨抛光为主，不仅效率低(约占整个模具制造周期的1/3)，且工人劳动强度大，质量不稳定，制约了我国模具加工向更高层次的发展。因此，研究抛光的自动化、智能化是重要的发展趋势。日本已研制了数控研磨机，可实现三维曲面模具的自动化研磨抛光。另外，由于模具型腔形状复杂，任何一种研磨抛光方法都具有一定的局限性。应注意发展特种研磨与抛光方法，如挤压研磨、电化学抛光、超声抛光以及复合抛光工艺与装备，以提高模具的表面质量。

13. 模具自动加工系统的研制和发展

随着各种新技术的迅速发展，国外已出现了模具自动加工系统，这也是我国长远发展的目标。模具自动加工系统应具有如下特征：多台机床合理组合；配有随行定位夹具或定位盘；有完整的机床、刀具数据库；有完整的数控柔性同步系统；有质量监测控制系统。

14. 虚拟技术将得到发展

计算机和网络的发展正使虚拟技术成为可能。虚拟技术可以形成虚拟空间环境，实现虚拟合作设计、制造，合作研究开发，以及建立虚拟企业。“九五”期间模具行业对此已开始探索，“十五”期间有所发展，日后将具有更广阔的发展空间。

15. 汽车车身模具将得到发展

随着汽车朝着轻量化、高速、舒适、风格化发展，汽车车身模具一方面要适应新型车身制造材料(如铝合金、塑料等)，另一方面要向着大型化、复杂化和高精度方向发展。

为了更好地与车身生产相结合，模具生产部门除了模具设计制造外，还必须同时搞好开发、协调车身设计、样车制造、工艺设计等各个环节，因此就要求企业要具有较高的整体素质和综合水平。

六、超精密加工技术和超高速加工技术在模具加工中的应用

1. 超精密加工技术简介

超精密加工技术是20世纪50年代末、60年代初为适应电子技术、计算机技术、宇航和激光等技术发展的需要而发展起来的一项新技术，是适应现代技术发展的一种机械加工新工艺，综合应用了机械技术发展的新成果及现代电子技术、测量技术和计算机技术中先进的控制、测试手段等，使机械加工的精度得到进一步提高，使加工的极限精度向纳米和亚纳米精度发展。

超精密加工技术以高精度为目标，在不同的历史时期和不同的技术水平下，超精密加工有不同的定义。一般认为，加工精度可达亚微米级，表面粗糙度 Ra 值小于百分之几微米的为超精密加工；更严格地说，尺寸精度为IT1(表面粗糙度 Ra 值为0.025μm)或更高的为超精密加工技术。

实现超精密加工的主要条件包括以下诸方面的高新技术，即超精密加工机床与工装、

夹具，超精密刀具和磨料材料及刀具刃磨技术，超精密加工工艺，超精密加工环境控制与测控技术等。超精密机床是超精密加工最重要、最基本的加工设备，是实现超精密加工的物质基础。超精密机床技术是一项综合技术，包括关键单元部件技术、相关功能元件技术、计量与测试分析技术、运动控制技术和环境技术等。其关键部件是主轴及其驱动系统、导轨及其驱动系统、检测装置、微进给机构等。随着科学技术的发展，为适应纳米级精度的要求，超精密加工技术和超精密机床技术也在与时俱进，国内的研究和产业也要借鉴国外先进技术，为我国经济发展作贡献。

2. 超高速加工技术简介

20 世纪 20 年代，德国人 Saloman 最早提出超高速加工（High Speed Cutting, HSC）的概念，并于 1931 年申请了专利。20 世纪 50 年代末及 60 年代初，美国和日本开始涉足此领域，在此期间德国已针对不同的超高速切削加工过程及有效的机械结构进行了许多基础性研究工作。随着超高速加工主轴技术的发展，刀具切削速度得到很大提高，20 世纪 70 年代诞生了第一台 HSC 机床。真正将 HSC 技术应用于实践是在 20 世纪 80 年代初期，因飞机制造业为缩短加工时间以及对一些小型特殊零件的薄壁加工提出了快速铣削的要求。20 世纪 80 年代中期，机床制造商开始将 HSC 技术应用于机床制造中。根据 1996 年德国对 HSC 机床市场需求的预测，其年增长率将为 200% ~300%。如此高的增长率是缘于超高速加工使得产品的加工时间缩短、成本降低，并且加工质量得到很大提高，从而增加了产品的竞争力。

3. 应用

（1）超精密加工技术的具体应用

1）超精密切削。例如应用超精密金刚石刀具切削，可加工各种镜面，它成功地解决了高精度陀螺仪、激光反射镜和某些大型反射镜的加工。

2）精密和超精密磨削研磨。例如解决了大规模集成电路基片的加工和高精度硬磁盘等的加工。

3）精密特种加工。例如应用电子束和离子束加工，使美国超大规模集成电路线宽达到 0.1μm。

现在，超精密加工技术已成为尖端技术产品发展中不可缺少的关键加工手段，无论是军事工业还是民用工业都需要这种先进的加工技术。例如，惯性导航仪表的精密陀螺仪用空气轴承，陀螺仪框架和动压马达，导弹舵机、精密泵、伺服阀等高精度控制执行器零件，大规模集成电路制造装备，复印机的感光鼓、录像机的磁头、打印机的硒鼓、磁盘等高技术产品，激光核聚变用的光学镜、大型天体望远镜的反射镜、激光打印机用多面棱镜、高速摄影机和自动检测装备的扫描镜、激光加工机的多曲面反射镜等各种光学元件等，都需要超精密加工。从某种意义上说，超精密加工担负着支持最新科学技术进步的重要使命，也是衡量一个国家科学技术水平的重要标志之一。

（2）超高速加工技术的具体应用　随着 HSC 技术研究的不断深入，特别是高速旋转主轴性能的提高及耐磨刀具的发展，HSC 技术在模具及成形制造中的应用越来越广泛。其应用范围主要有以下几个方面：

1）工具钢及铸铁模具的直接加工，特别是半精加工及精加工。

2）铜电极、石墨电极的高速加工。

3）产品样件及铝制工件的高速加工。

HSC 技术的应用，使切削速度和进给速度大幅提高，不仅可以缩短模具机加工的时间，而且通过合理选择半精加工及精加工参数，可使表面加工质量及刀具寿命都有较大提高。实验结果表明，应用 HSC 技术后可使后续加工中手工研磨时间缩短近 80%，成本费用节约近 30%，加工表面精度达 1μm，刀具切削效率提高 100%。1996 年，汉诺威大学 IFW 研究所对约 300 个美国、日本、德国的企业进行了一次国际性调研，结果显示未来模具及成形制造技术发展趋势主要体现在两个方向，即 CAM 系统中数控编程技术和高速加工技术。

复习思考题

1. 简述数控加工技术的概念。
2. 数控机床在模具加工中的具体应用有哪些？
3. 未来模具加工技术的发展趋势是什么？
4. 简述超精密加工和超高速加工技术在模具加工中的具体应用。

第二章　数控机床的基本结构

数控机床是按输入的程序信息、用数字化信号对机床的运行及其加工过程进行控制的一种高效率、高柔性、高精度的自动化机床，综合了计算机及信息处理、自动控制及伺服驱动、检测监控及传感、网络通信、精密机械等多领域先进技术于一体。数控机床的加工工艺与普通机床基本相同，但由于采用了数控技术，因此数控机床可以加工普通机床难以加工或无法加工的复杂零件，尤其是复杂空间曲面，生产效率比普通机床提高数倍甚至数十倍。数控机床是按所编程序自动进行零件加工的，消除了操作者的人为误差，并且可以自动地进行检测及补偿，达到非常高的加工精度。现代模具制造业高精度、短周期、低成本的加工要求，促进了数控加工、计算机辅助制造等数控制造技术在模具制造中的广泛应用。

第一节　数控机床的组成及其工作原理

一、数控机床的组成

尽管数控机床的种类繁多、结构形式各异，但其基本组成部分及其工作原理是大致相同的。数控机床通常由控制介质、数控装置、伺服系统、机床本体、检测装置等部分组成，如图 2-1 所示。

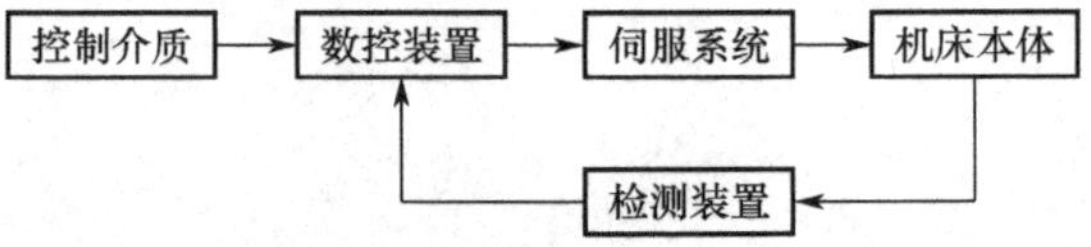

图 2-1　数控机床的基本组成

1. 控制介质

控制介质即信息载体。操作数控机床时，人与机床之间必须建立某种联系，把零件加工信息传送到数控装置中去，这种联系物质就是控制介质。在控制介质中存储着零件加工过程中所需要的全部数据和指令，包括工件相对于机床的坐标位置、刀具相对于工件的坐标和运动轨迹参数、主运动和进给运动参数、工艺路线和加工顺序、机床工作时的辅助动作及状态等信息。

常见的控制介质有穿孔纸带、穿孔卡、磁带、磁盘等，通过输入装置将控制介质中的数控加工信息传送给数控装置的内存储器。较常用的输入方法是在操作面板上用手工直接将数控程序输入到数控装置中去。数控程序可由人工编制，也可由计算机辅助编程软件完成。随着 CAD/CAPP/CAM 及网络技术的发展，大量复杂模具的加工可以利用计算机进行设计与编程，并将程序和数据直接传送给数控装置。

2. 数控装置

数控装置是数控机床的核心，主要由输入装置、控制运算器、输出装置等组成。控制介质上的信息经过输入装置识别与译码后，由控制运算器进行处理与运算，并产生相应的控制命令。最基本的控制命令是与坐标轴位移量相对应的电脉冲数，由输出装置传送到伺服系统，最终控制机床各部分按程序的要求运动，完成零件加工过程。

控制运算器是数控装置的核心部分，它的主要任务是进行插补运算。因程序中行程信息的局限性，如直线段仅给出起点、终点，圆弧段给出起点、终点、圆心或半径，故加工时需进行数据点密化处理，用小段直线和圆弧拟合逼近零件的轮廓形状，即进行插补运算。常用的插补运算法有逐点比较法、数字积分法、时间分割法等。

数控装置能够控制的坐标轴(进给运动执行部件)称为可控轴；数控装置能够控制的，并可按某一指定关系(如函数关系)同时运动的坐标轴称为联动轴。可控轴不一定是联动轴，联动轴数越多，可加工的零件形状就越复杂。如两轴联动数控机床可加工平面曲线；三轴联动数控机床可加工空间曲面；四轴、五轴联动数控机床可加工叶轮、螺旋桨等复杂零件。一般数控车床为两轴联动，数控铣床为三轴两联动，加工中心至少为三轴联动。

3. 伺服系统

伺服系统是数控机床的命令执行部分，是数控装置与机床本体间的联系环节，由驱动控制系统(强、弱电控制系统)和执行机构(即驱动部件,如伺服电动机等)两大部分组成。伺服系统接受数控装置输出的指令信息后，进行信号变换和功率放大，并按指令信息的要求驱动机床移动部件或相关部件完成指定的动作，使机床加工出符合要求的零件。

伺服系统的控制方式有开环控制、闭环控制、半闭环控制三种。常用的驱动部件有步进电动机、直流伺服电动机、交流伺服电动机等。

4. 机床本体

机床本体是数控机床的主体，是最终完成各种加工的机械执行部分。虽然数控机床的外形与普通机床有些相似，但是结构要求却差别很大，故仅在普通机床的基础上作局部结构改进是不行的，为了满足数控加工技术的要求，充分发挥数控机床的技术优势，必须作全新的设计。目前，数控机床已形成了一个独立的机床设计体系。

5. 检测装置

检测装置的主要元件是检测传感器，用于检测位置和速度等物理量，并将测得的物理量转换成电信号，再反馈给数控装置，与控制命令信号作比较并进行补偿，以控制驱动部件准确地运行。

数控机床的运动性能、控制精度、柔性水平很大程度上取决于检测装置，故要求检测装置灵敏度高、动态特性好、稳定可靠、抗干扰能力强、准确性好、精度高、能适应不同的环境、维护方便、成本低。

二、数控机床的工作过程

数控机床的工作过程是由数字指令控制的，在加工前要用规定的指令代码按照零件图编制出数控加工程序，通过操作面板或通信接口输入到数控装置中。数控装置经译码、运算后生成相应的控制信号，包括位置信号、运动控制信号和逻辑控制信号；位置信号与运动控制指令如坐标轴的位置、速度控制指令等经伺服系统进行信号变换和功率放大后，驱动伺服电动机精确运动，带动机床移动部件按照程序自动地进行加工；由数控装置所控制的内置式可编程序控制器(PLC)输出的逻辑控制指令(主要是开关量信号)，经功率放大后，按预先规定的逻辑顺序直接驱动电磁阀、离合器、继电器、主轴控制器等执行元件，控制主轴的起停、变速、换向，工件加紧或松开，刀架回转、刀具选择及更换，切削液的开关等辅助动作，实现数控机床的自动操作。检测装置实时检测坐标轴的实际位置和速度值，信号转换后反馈给数控装置或伺服系统，与指令值进行比较，并对误差进行补偿调节，使移动部件运行到正确的位置。

第二节　数控机床的分类

随着数控技术的不断发展，数控机床的种类越来越多，其功能、形式各异，通常可按以下几种分类方法进行分类。

一、按工艺用途分类

(1) 切削类数控机床　如数控车床、数控铣床、数控磨床、加工中心等。其中普通数控机床在自动化程度上还不够完善，刀具的更换与零件的装夹需由人工进行。加工中心则带有刀库，可自动换刀，工件在一次装夹中可完成铣、镗、钻、扩、铰、攻螺纹等多道工序。

(2) 成形类数控机床　如数控弯管机、数控卷簧机、数控组合压力机等。这类机床起步较晚，但目前发展很快。

(3) 数控特种加工机床　如数控电火花成形机床、数控线切割机床、数控激光加工机床等。

(4) 其他类型的数控机床　如数控快速成形机床、数控三坐标测量机床等。

二、按运动方式分类

(1) 点位控制数控机床　其特点是只控制移动部件的终点位置，即只控制刀架或工作台从一点准确地移动到另一点，而点与点之间的运动轨迹没有严格要求，在移动过程中不进行加工，如图2-2所示。这类机床有数控钻床、数控坐标镗床、数控压力机和数控点焊机等。

(2) 直线控制数控机床　其特点是不仅控制刀架或工作台从一点准确地移动到另一点，而且还控制两点之间移动的直线轨迹和速度，在移动过程中进行加工，如图2-3所示。这类机床有数控车床、数控铣床和数控磨床等。

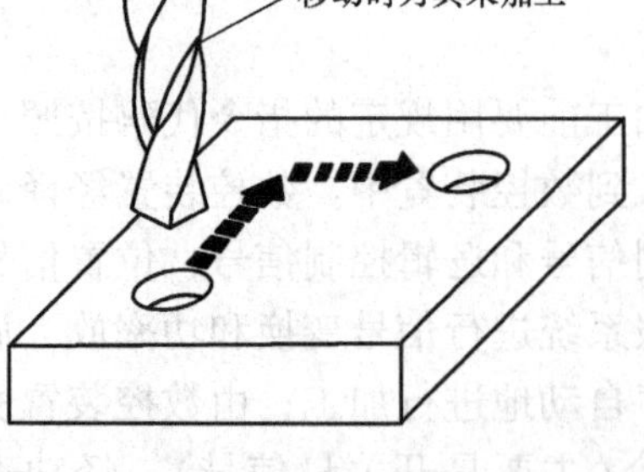

图2-2　点位控制数控机床加工示意图

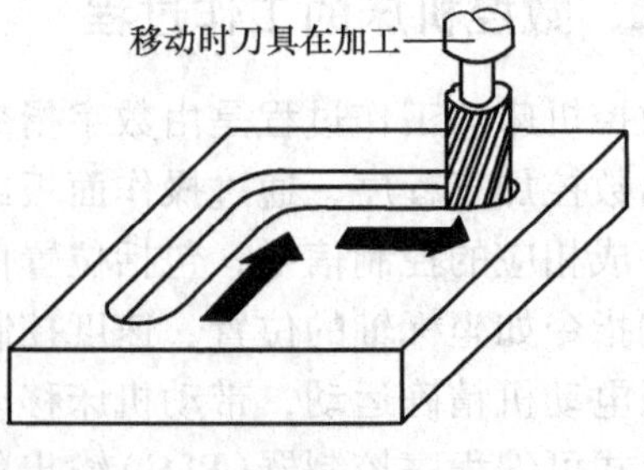

图2-3　直线控制数控机床加工示意图

(3) 轮廓控制数控机床　轮廓控制也称连续控制，其特点是能同时控制两个或以上的坐标轴，具有插补功能。它不仅能控制刀架或工作台从一点准确地移动到另一点，而且还能控制加工过程中每一点的位置和速度，可加工出由曲线或曲面组成的轮廓形状，如图 2-4 所示。这类机床有数控车床、数控铣床、数控磨床和加工中心等。

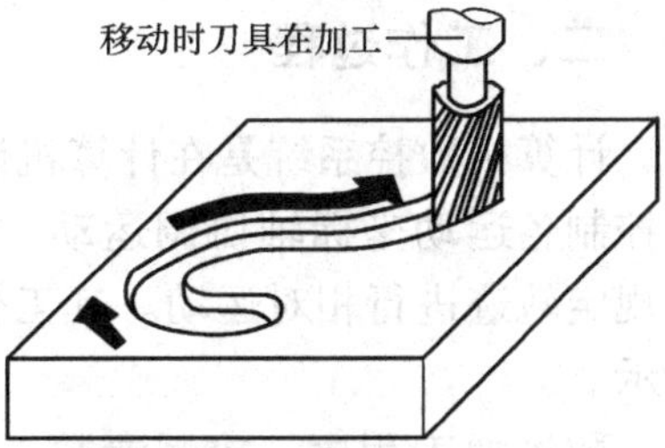

图 2-4　轮廓控制数控机床加工示意图

三、按执行机构的控制方式分类

按执行机构的控制方式，数控机床可分为开环控制、闭环控制和半闭环控制三类。开环系统是没有测量反馈装置的控制系统；闭环系统可测量并反馈移动部件的直线位移；半闭环系统可反馈丝杠或电动机的转动角度。关于控制方式的详细内容见本章第四节。

此外，数控机床还可按数控装置的构成方式分类，如硬件数控机床和软件数控机床(又称计算机数控机床)；按可控轴数和联动轴数分类，如三轴两联动数控机床、三轴三联动数控机床等；按功能水平和价格的高低分类，如高档数控机床、中档数控机床和低档数控机床(即经济型数控机床)等。

第三节　计算机数控系统

一、系统组成

与采用专门设计的硬件逻辑数控系统不同，计算机数控系统(CNC)采用计算机作为控制部件，通过系统软件实现部分或全部数控功能，只要改变数控软件就能实现新的控制方式，这也是计算机数控(即软件数控)的最大特点。计算机数控系统由输入装置、输出装置、计算机数字控制装置、可编程序控制器(PLC)、主轴驱动装置、进给驱动装置和电气控制单元等组成，如图 2-5 所示。通常从产品组合与供应角度划分，计算机数控系统主要是指由计算机硬件、数控软件系统、输入输出接口和可编程序控制器组成的 CNC 控制器，即图 2-5 中单点画线部分。

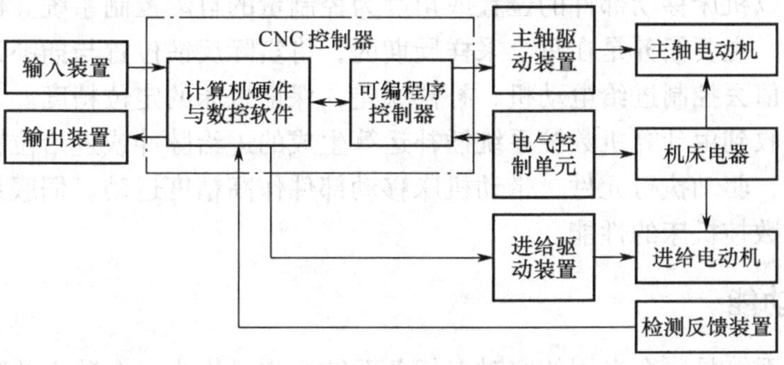

图 2-5　计算机数控系统的结构组成

二、工作过程

计算机数控系统是在计算机硬件的支持下，执行数控软件的控制功能，其核心任务就是控制各运动坐标轴协调运动，使刀具与工件按规定轨迹进行相对运动。其工作过程如图2-6所示。

数控加工程序、控制参数、补偿数据通过操作面板或其他介质、通信接口输入后，数控装置需进行校验和代码转换，将全部信息储存到内部存储器中。数控装置以程序段为单位，将程序转换为计算机能够识别的数据格式，存放在指定的内存区间，加工信息包含轮廓信息（G指令等）、加工速度（F指令）、刀补、辅助信息（M、S、T指令）等。可编程序控制器（PLC）输出的开关量信号用于控制主轴电动机和机床电气器件，对于主轴通常只需要进行速度控制。这些指令信息需经过放大，形成有一定功率的驱动源，才可驱动机床上的各个执行器件。

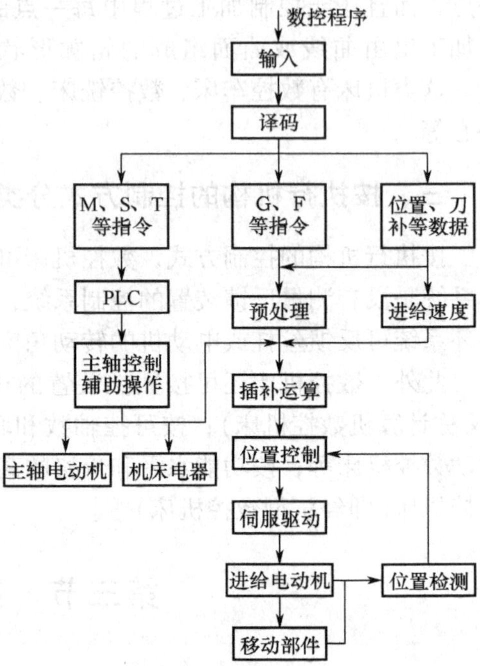

图2-6　计算机数控系统工作过程

数控程序一般按照零件轮廓编制，为使编程尺寸与刀具尺寸无关，减少编程计算量，可使用刀具补偿功能，由系统将轮廓轨迹按刀具形状尺寸自动换算成刀具中心轨迹。F指令的速度值是刀具相对于工件的合成进给速度，需通过速度处理分解为各进给运动轴的分速度。

数控加工程序中的几何信息有限，对于直线仅需输入起点和终点坐标值，而圆弧除起点和终点坐标值外，再需输入圆心坐标值或半径，为完成轮廓轨迹加工，数控系统必须再进行数据点密化处理，即插补运算，按精度要求用一小段直线或圆弧进行轮廓轨迹的拟合。一般数控系统都有直线、圆弧、螺旋线插补功能，一些高档数控系统还有椭圆、抛物线、正弦线等插补功能。

伺服系统是以机床移动部件的位置或角度为控制量的自动控制系统。位置控制处于伺服回路的位置环，主要任务是在每个采样周期内，将实际反馈位置与插补计算的理论位置相比较，用其差值去控制进给电动机，补偿误差，保证机床的定位精度。

伺服系统接收到由计算机数控系统插补运算生成的进给脉冲或进给位移量指令后，经变换和功率放大，驱动执行元件，带动机床移动部件作高精度运动。伺服系统的性能在很大程度上决定了数控机床的性能。

三、主要功能

计算机数控系统是一个专用的实时多任务系统，它可作为一个独立的过程控制单元用在自动化生产中，其系统软件包括管理和控制两大部分。管理部分包括输入、I/O处理、通信、显示、诊断、保护、程序编辑等功能；控制部分包括译码、PLC、运动轴控制、刀具与补偿、插补、速度处理、位置控制等功能。

1. 输入功能

输入的方式有键盘手动输入、储存介质输入、通信接口输入、连接上级计算机的直接数控接口输入等。输入工作方式有储存方式和数控方式。储存方式是将程序全部输入到数控系统内部储存器中，加工时再将程序段一个个地调出；数控方式是数控系统在前一程序段加工时，输入后一程序段，即一边输入一边加工。

2. I/O 处理功能

I/O 处理主要是计算机数控系统与机床之间的强电信号的输入、输出和控制，如换刀、主轴变速换挡、切削液开关等。

3. 通信功能

计算机数控系统都具有刀具识别系统、托盘系统、网络系统等接口功能，通常具有 RS-232C(24V/20mA)串行接口，可适应柔性制造系统和制造单元等的通信需求，有的还设有 DNC 接口，既可用数控格式输入，也可用二进制格式输入。

4. 显示功能

显示功能主要是为操作者提供方便，通过软件、接口、显示器等可显示程序、参数、零件图形、刀具位置、补偿量、坐标位置、机床状态、故障、报警信息、人机对话编程菜单等。有些数控系统还有刀具加工轨迹的静、动态图形显示和在线编程时的图形显示等。

5. 诊断功能

诊断及故障报警功能是现代数控系统的必备功能之一，计算机数控系统设置了各种诊断程序，融合在系统程序的各个部分，在系统的运行过程中进行状态检查和故障诊断。有的计算机数控系统还能进行远程通信诊断。

6. 运动轴控制功能

运动轴控制是针对数控系统的可控轴数和联动轴数，是机床数字控制的核心问题。多轴联动保证了刀具与工件的相对运动轨迹符合程序要求，平面曲线运动需控制两个坐标轴联动，空间曲线或立体曲面则要控制三个或三个以上坐标轴联动。联动轴数越多，数控系统就越复杂，编程也越困难。

7. 刀具与补偿功能

刀具功能包括选取的刀具数量和种类、刀具的编码方式和自动换刀的方式(即固定换刀还是随机换刀)。刀具补偿包括刀具长度补偿、刀具半径补偿和刀尖圆弧补偿，刀补功能可以补偿刀具磨损以及在换刀时使刀具准确定位；其他补偿还有坐标轴的反向间隙补偿，进给传动件的传动误差补偿，如丝杠螺距补偿、进给齿条齿距误差补偿、机件的温度变形补偿等。

8. 轴控制功能

轴控制功能包括主轴控制和进给轴控制。通常主轴通过 PLC 的开关量进行速度控制和主轴准停。进给轴控制的主要任务是位置控制，通过检测装置测量移动部件的位移量，并将实际位移反馈值与插补计算值相比较，进行误差补偿；同时，根据进给行程量和进给速度等位置控制信息，控制各进给轴的速度、自动加减速、限制最高和最低速度等。

第四节　数控机床的伺服系统

一、伺服系统的技术要求

伺服系统是数控装置与机床本体间的联系环节(图2-1)，它是以机床移动部件的位置或角度为控制对象的自动控制系统。伺服系统接受由数控装置经插补运算生成的进给脉冲或进给位移量指令后，经信号变换和功率放大，再由执行机构驱动相关的机床移动部件按指令要求运动。因此，伺服系统的性能在很大程度上决定了数控机床的性能。

数控机床具有高效率、高精度、高柔性的技术特点，因而对伺服系统的速度控制、位置控制、伺服电动机、传动机构等方面的要求很高。与此相适应，伺服系统的基本技术要求有：调速范围宽；具有足够的传动刚性和较高的速度稳定性；能快速响应且无超调，能灵活地正、反向运行；分辨率精度高；可实现低速大转矩传动；抗干扰能力强，能抵抗外部负载干扰和高频噪声的影响。

二、伺服系统的控制方式

1. 开环控制

控制系统中没有测量反馈装置，驱动部件(如步进电动机)按数控装置发生的脉冲指令转过相应角度，带动移动部件运动，如图2-7所示。由于没有位移测量与补偿功能，故精度较低，但其结构简单、工作稳定、调试容易、维修方便、成本低，一般适用于经济型数控机床，如经济型数控车床等。

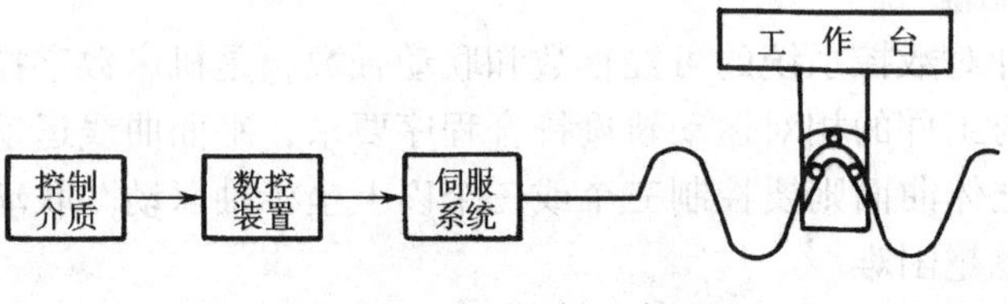

图2-7　开环控制示意图

2. 闭环控制

在被控制的机床移动部件上装有直线位移测量装置(如光栅、磁尺等)，它能将实测位移值反馈到数控装置中与输入指令位移值进行比较并实行位移补偿，直到差值为零，如图2-8所示。由于增加了检测、比较和反馈装置，故精度很高，但其结构复杂、调试较难、成本高，主要用于高精度数控镗铣床、数控磨床、超精数控车床和加工中心等。

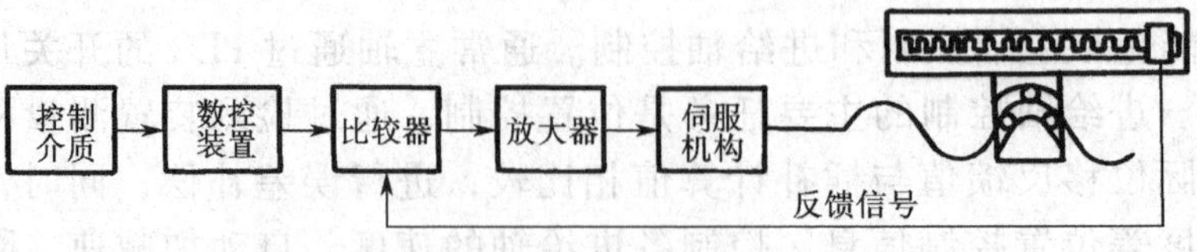

图2-8　闭环控制示意图

3. 半闭环控制

与闭环控制方式相似，如图 2-9 所示。半闭环控制是用回转型检测装置(如脉冲编码器)测量、反馈丝杠或电动机的转动角度，再折算成直线位移量，是间接地测量丝杠和螺母间的直线位移，但不能补偿丝杠螺母副的传动误差，故精度比闭环控制系统低，而比开环控制系统高。其结构比闭环控制系统简单，调试方便、稳定性好，适用于中档数控机床。

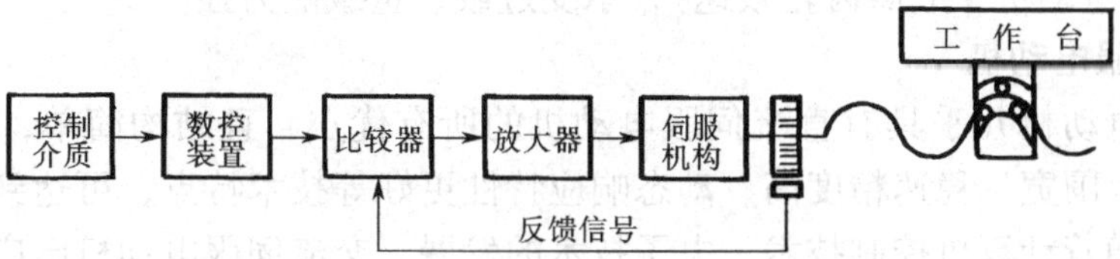

图 2-9　半闭环控制示意图

三、伺服驱动部件

为了达到伺服系统精度高、稳定性好、响应快速、调速范围宽、低速大转矩等技术性能要求，作为伺服系统的执行元件(即驱动部件)——伺服电动机应具备如下的性能：

1）能平稳运转，转矩波动要小，尤其在低速运转时，不应有爬行现象。

2）为满足低转速大转矩的传动要求，电动机应具有较大的、较长时间的抗过载能力。

3）为了实现快速响应，电动机应具有较小的转动惯量和较大的堵转转矩，以及尽可能小的时间常数和起动电压。

4）能承受频繁起动、制动和反转。

常用的伺服驱动电动机有步进电动机、直流伺服电动机、交流伺服电动机和直接驱动电动机。

1. 步进电动机

步进电动机是由电脉冲信号控制的，它可将电脉冲信号转换成相应的角位移，角位移量与电脉冲数成正比，转速与电脉冲频率成正比，通过变频可调节其转速。步进电动机结构简单、控制简便、价格较低，但步进电动机的最大缺点是容易失步，尤其在大负载和高转速的情况下，更易失步，故一般多用于经济型数控机床、开环系统中。

近年来，随着伺服驱动技术的发展，使得步进电动机高频乏力、低频振荡的现象得到显著改善。此外，在开环系统中可采用检测元件进行位移误差补偿反馈，组成反馈补偿型开环系统，从而提高步进电动机的驱动精度，使步进电动机得到更为广泛的应用。

2. 直流伺服电动机

直流伺服电动机具有良好的起动、制动和调速特性，可很方便地在较宽范围内实现平滑的无级调速。动态响应特性和稳定性好，可适应频繁起动、反向、制动等工作状况，多用于调速性能要求较高的闭环、半闭环系统中。

直流伺服电动机按励磁方式不同，有永磁式和电磁式之分；按转速高低及转子的转动惯量大小，有高速、小转动惯量和低速、大转动惯量之分。

小转动惯量直流伺服电动机有多种：无槽电枢直流伺服电动机，绕组铁心细长，故转动惯量小，其功率较大；空心杯转子直流伺服电动机，转动惯量很小，灵敏度更高，功率较小；印制绕组直流伺服电动机，可承受频繁的起动、换向，功率中等。这类电动机的转子转动惯量小，电感小，故换向性能好，动态响应快，快速性能好，低速无爬行。

大转动惯量直流伺服电动机有永磁式和电磁式两种，其中永磁式用得较多，它的低速性能好，输出转矩大，调速范围宽，转子转动惯量大，受负载影响小，故可与丝杠直接连接(小转动惯量电动机一般需齿轮减速)，承受过载、重载能力强。

3. 交流伺服电动机

交流伺服电动机几乎具有直流伺服电动机的所有优点，且结构简单，制造、维护简便，具有调速范围宽、稳速精度高、动态响应特性更好等技术特点，可达到更大的功率和更高的转速。随着计算机控制技术、电子技术的发展，交流伺服电动机已广泛取代直流伺服电动机。

交流伺服电动机有异步型和同步型之分，常用的分别是笼型异步交流感应伺服电动机和永磁式同步交流伺服电动机。

笼型异步交流感应伺服电动机结构简单、坚固，过载能力强，但实现大范围平滑调速较困难，控制系统复杂。

永磁式同步交流伺服电动机结构稍复杂，但比直流伺服电动机简单，没有电刷，可靠性高，效率高，加、减速能力强，转子转动惯量较小，可高速运转。

4. 直接驱动电动机

直接驱动电动机和被驱动部件是直接联系的，中间没有其他的机械传动装置，是一种较为理想的驱动方式，具有机械结构简单、伺服刚度高、传动效率高、动态响应快、精度高的技术特点，这也是机电一体化产品的最新成果，目前受技术条件限制，应用得还不多。

四、检测装置

检测装置的测量方法按物理量的测取途径分为直接测量法和间接测量法。数控机床中通过检测移动部件的位置，测得移动部件的直线位移量为直接测量法；通过测量丝杠或电动机输出轴的转角，再换算成移动部件的直线位移量为间接测量法。

检测元件按输出信号类型分类，有数字式和模拟式；按计数方式分类，有增量式和绝对式。数控机床常用的位置检测元件见表2-1。

表2-1 常用位置检测元件

	增量式		绝对式	
	数字式	模拟式	数字式	模拟式
回转型	光电脉冲编码器 圆光栅	旋转变压器 圆感应同步器 圆磁栅	编码盘	多极旋转变压器 三速圆感应同步器
直线型	光栅 激光干涉仪	直线感应同步器 磁尺	编码尺	三速感应同步器 绝对值式磁尺

常用的速度、加速度检测元件有测速发电机、速度编码器(将脉冲编码器和计数器组合在一起)、电磁式速度传感器等。

在数控机床中，闭环系统一般采用光栅、磁尺、直线感应同步器等作为检测装置，稳定可靠、精度高，但安装、调试、维护要求较高；半闭环系统多采用光电脉冲编码器、旋转变压器、圆感应同步器等检测电动机输出轴或丝杠的转角，结构比闭环系统简单。

1. 旋转变压器

旋转变压器用于测量转角，它在结构上与线绕式异步感应电动机相似，由定子和转子组成，像一台小型交流电动机。当励磁电压加到定子绕组时，通过电磁耦合，使转子绕组产生感应电压。感应电压的大小取决于定子和转子的相对位置，感应电压的相位角或幅值与转子的转角之间具有严格的对应关系，于是，通过检测转子绕组输出的感应电压的相位角或幅值，即可测得被测件的转角。

2. 感应同步器

感应同步器相当于一个展开的多极旋转变压器，有直线式和旋转式两大类。直线式由定尺和滑尺组成，用于测量直线位移，称为直线感应同步器；旋转式由定子和转子组成，用于测量转角，称为圆感应同步器。

直线感应同步器的定尺、圆感应同步器的转子上印制有连续平面绕组；滑尺、定子上印制有分段独立的正弦绕组和余弦绕组。当励磁电压加到滑尺或定子上的正、余弦绕组时，定尺或转子上的连续绕组产生感应电压，其相位角或幅值与滑尺和定尺之间的相对位移，或与定子和转子之间的转角具有严格的对应关系，所以，通过检测定尺绕组或转子绕组输出的感应电压的相位角或幅值，即可测得定尺与滑尺之间的相对直线位移，或定子与转子之间的转角。

3. 脉冲编码器

脉冲编码器用于测量转角，在数控机床上应用很广泛，它能把机械转角变换成电脉冲信号，有光电式、接触式和电磁感应式三种。其中光电式脉冲编码器在精度和可靠性方面优于其他两种，故应用较多。

光电脉冲编码器的主要零件是圆光栅，由镀铬玻璃或金属圆盘制成，圆周上有一定数量的等角距透光缝隙。圆光栅随工作轴一起旋转，当光线透过一个缝隙就发生一次明暗变化，光电元件接受到这些明暗相间的光信号，并转换为强弱变化的电信号，经整形、放大、微分处理后，得到电脉冲信号。电脉冲数就是圆光栅转过的缝隙数，这样就可测算出圆光栅转过的角度。

4. 光栅

光栅是一种精密检测装置，在国产数控机床上应用很多。它可将机械位移或模拟量转变为数字脉冲，反馈给数控装置，实现闭环控制。

光栅按光线走向可分为透视光栅(由玻璃经真空镀膜刻上均匀密集的透光线纹制成)和反射光栅(在金属镜面上印刻均匀密集的线纹制成)；按形状、用途可分为长光栅和圆光栅。

光栅由标尺光栅和光栅读数头(由指示光栅、光源、光电元件构成)组成，长光栅中的标尺光栅和指示光栅的栅距相同，且成一小角度 θ。光源照射时，光线在光栅刻线的衍射和遮光作用下，形成明暗交替、间距相等的粗大条纹，即莫尔条纹，如图2-10所示。

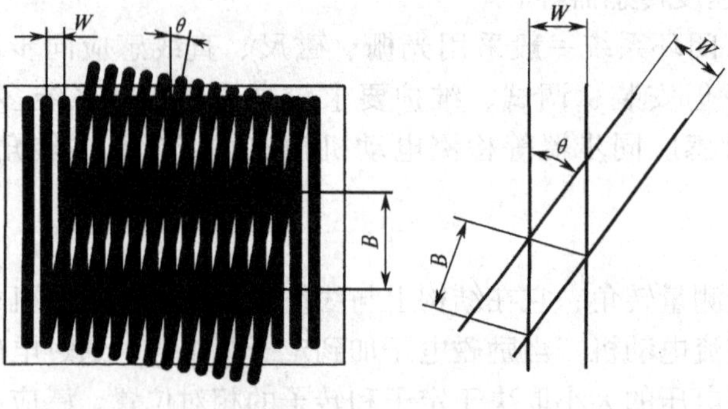

图2-10 莫尔条纹

莫尔条纹的间距 B 与光栅的栅距 W 有如下的比例关系，即

$$B=\frac{W}{\sin\theta}\cos\frac{\theta}{2}=\frac{W}{2\sin\dfrac{\theta}{2}}=\frac{W}{\theta} \qquad (\text{因为}\ \theta\ \text{很小})$$

从上式可看出光栅有放大作用，可把栅距转换成放大 $1/\theta$ 倍的莫尔条纹间距，而莫尔条纹由大量光栅刻线共同形成，可均化光栅的刻线误差，光栅移动一个栅距，莫尔条纹也相应地移动一个纹距，这样就便于光电元件将光信号转换成电信号，并保持较高的检测精度。

5. 磁栅

磁栅又叫磁尺，是一种计算磁波数目的高精度位置检测装置，可用于测量直线位移和转角。其制造工艺简单，具有精度高、复制简单、安装调试方便、对使用环境条件要求低等优点。

磁栅由磁性标尺、拾磁磁头和检测电路组成。磁性标尺上预录有方波、正弦波或电脉冲信号。检测时，由拾磁磁头在磁性标尺上拾取磁信号，并转换为电信号，再输入检测电路，得到位移测量脉冲信号，即可进行计数确定位置。

6. 激光干涉仪

激光干涉仪是一种高精度的位移检测装置，它利用光的干涉原理，使激光束产生明暗相间的干涉条纹，由光电元件将光信号转换为电信号，经信号处理和计数后，测得位移量。

第五节 数控机床的机械结构

一、数控机床的结构要求和特点

数控机床是高效自动化机床，其加工工艺过程与普通切削加工有较大区别，且在加工过程中人工无法干预，欲充分发挥其技术优势，仅在普通机床的基础上作局部结构改进是达不到要求的，必须根据数控机床的控制方式和使用特点，作全新的设计。数控机床的基本结构要求有：静、动刚度高；抗振性好；动态特性好；热稳定性好；灵敏度高；运动精度高；自动化程度高；操作方便；总体设计趋于模块化和机电一体化。为了达到这些要求，数控机床在整体布局、机械结构、传动系统、支承系统、刀具系统、操作系统等方面，与普通机床差别很大，已形成一个独立的机床设计体系。

与普通机床相比，数控机床在结构设计上作了很大改进，有的结构形式甚至已完全不同，主要有以下一些特点：

1）机械传动机构简化，传动链缩短。

2）采用高效率、高刚度、高精度的传动副，如滚珠丝杠副、静压丝杠副等。

3）采用消除间隙的传动副，提高了传动精度。

4）采用滚动导轨、静压导轨、贴塑导轨等摩擦特性良好的支承元件，灵敏性好，无爬行现象。

5）采用刚度和抗振性较好、能减少热变形影响的机械结构。

6）采用大功率电动机和先进刀具及系统，可进行强力切削，提高了切削效率。

7）采用自动换刀、自动排屑、自动润滑和冷却等装置。

二、主传动系统

数控机床主传动的机械结构已大为简化，减少了许多中间传递环节，大多采用变频调速和交流调速主轴电动机，扩大了主轴调速范围，且能实现无级变速，可靠性更高。此外，加工中心的主轴还须有自动装卸刀具、主轴准停、吹屑等装置。

数控机床主传动主要有四种配置方式：

1. 电动机经变速齿轮驱动主轴(图 2-11a)

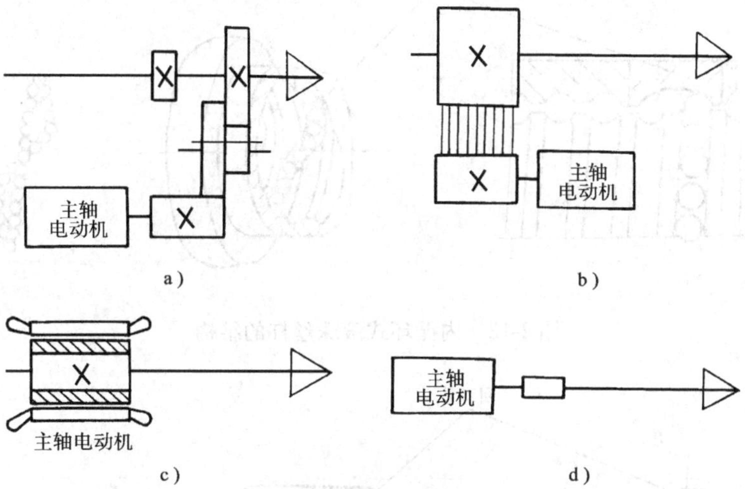

图 2-11　数控机床主传动的配置方式

a）经变速齿轮驱动　b）经同步齿形带驱动

c）主轴与电动机一体化　d）直接驱动

电动机通过少量几对齿轮变速，实现主轴分段无级变速，其中降速挡可扩大主轴输出转矩，以满足低速时主轴输出转矩特性的要求。此种配置方式多用于大、中型数控机床，有一些小型数控机床也采用此配置方式，以获得强力切削时所需转矩。

2. 电动机经同步齿形带驱动主轴（图 2-11b）

电动机（电动机本身的调速范围能满足要求）经同步齿形带无相对滑动地同步驱动主轴，避免了齿轮传动的振动与噪声，但输出转矩小，适用于转速较高而变速范围不大的小型数控机床。

3. 主轴与电动机一体化（图 2-11c）

主轴即为电动机转子，这种主传动方式大为简化，结构紧凑、刚度高、动态响应特性好，但输出转矩小，电动机发热对主轴精度影响大。

4. 电动机直接驱动主轴（图 2-11d）

调速电动机由联轴器与主轴直接连接，同样具有结构简单紧凑等优点，但输出转矩小，电动机发热对主轴精度影响较大。

三、进给传动系统

进给传动系统是伺服系统的主要控制对象，其传动精度、灵敏性、稳定性直接影响到零件的加工精度，故传动部件要求具有寿命长、摩擦阻力小、转动惯量小、灵敏度高、无传动间隙、传动精度高等性能。

1. 滚珠丝杠螺母副

滚珠丝杠螺母副是数控机床普遍采用的直线进给传动装置，具有传动效率高、运动平稳、灵敏度高、可预紧消除间隙并提高系统刚度等特点，图 2-12、图 2-13 分别为内、外循环式滚珠丝杠的结构。

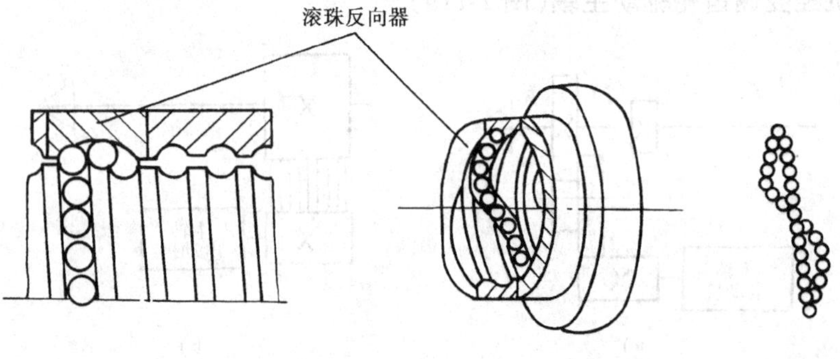

图 2-12　内循环式滚珠丝杠的结构

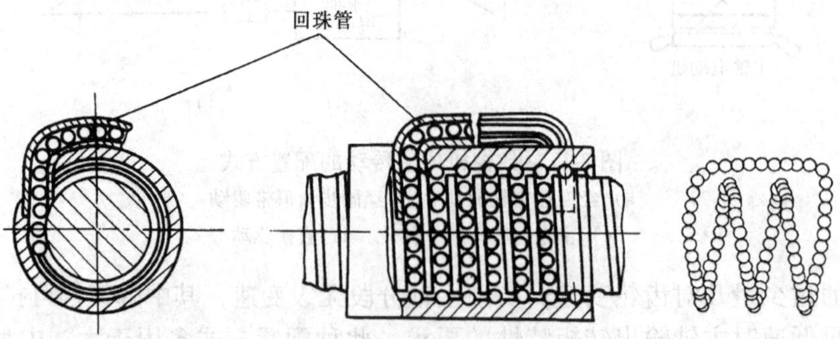

图 2-13　外循环式滚珠丝杠的结构

为了保证反向传动精度，必须消除丝杠螺母的配合间隙及丝杠受力变形所带来的轴向窜动。常用的调隙结构为双螺母预紧式，通过调整两个螺母的间距，相向压紧丝杠，消除间隙。图 2-14 是双螺母齿差式调隙结构，螺母 1、2 的凸缘上带有外齿，分别与用销钉、螺钉紧固在螺母座两端的内齿圈（或齿块）3、4 啮合，其齿数分别为 z_1、z_2，且 $z_2-z_1=1$。调整时，分别取出内齿圈，将两个螺母向相同方向转过相同齿数 z，再插入内齿圈并紧固，于是轴向的调整位移量 Δ 为

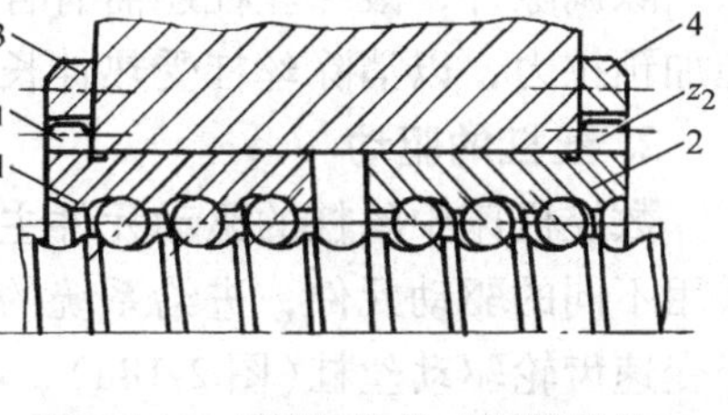

图 2-14　双螺母齿差式调隙结构
1、2—螺母　3、4—内齿圈

$$\Delta=\left(\frac{z}{z_1}-\frac{z}{z_2}\right)t=\frac{z_2-z_1}{z_1z_2}zt \qquad (t\text{ 为丝杠导程})$$

即

$$\Delta=\frac{zt}{z_1z_2} \qquad \text{或} \qquad z=\frac{\Delta z_1z_2}{t}$$

齿差式调隙结构较为复杂、尺寸也较大，但能够精确地调隙、预紧，适用于高精度传动机构，是目前应用较广的结构形式。其他的双螺母调隙结构还有：螺纹式调隙结构（图 2-15），其结构简单紧凑，调整方便，但调整精度较差；垫片式调隙结构（图 2-16），其结构简单、拆装方便、刚度高，但调整不便，精度较差，尤其是滚道有磨损时，无法随时调隙、预紧。

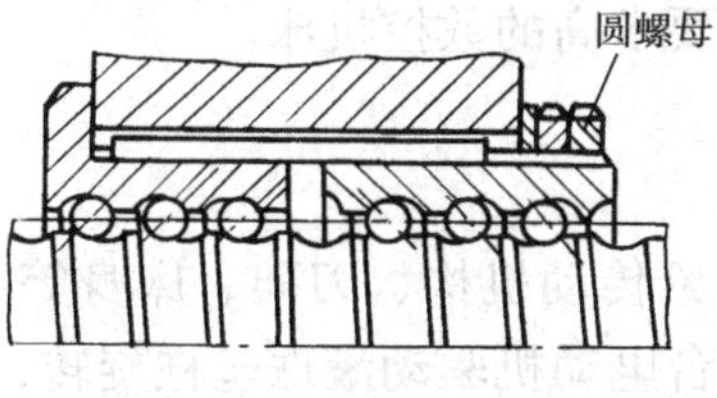

图 2-15　螺纹式调隙结构

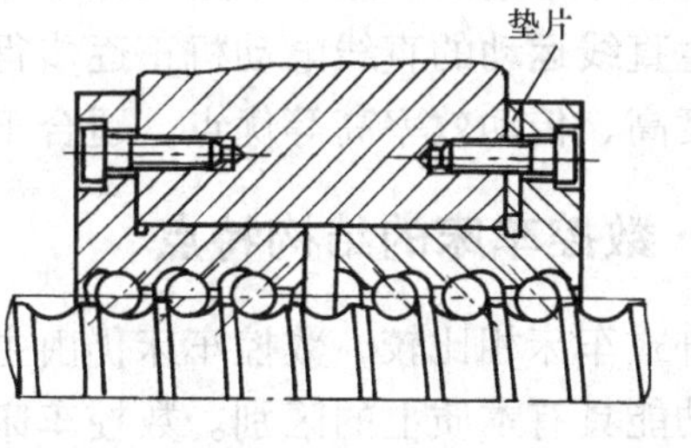

图 2-16　垫片式调隙结构

单螺母调隙一般采用滚道为双圆弧式的螺母，并适当增大滚珠直径的方法，一旦磨损则无法调隙。近年来出现了新的单螺母调隙方式，其结构如图 2-17 所示，螺母沿径向开一薄槽，通过调整螺钉进行调隙与预紧，结构简单，调整方便。

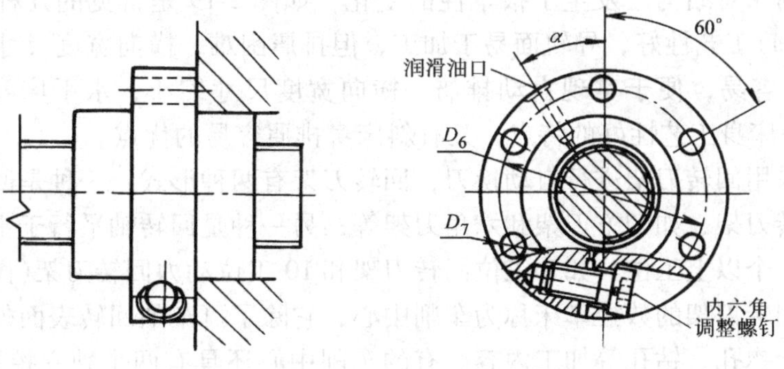

图 2-17　单螺母调隙结构

除调隙外，滚珠丝杠还需有合理的安装结构和有效的防护装置，有的机床还在丝杠上施加预拉力，以消除丝杠受热伸长对传动精度的影响。

2. 丝杠的驱动

数控机床中丝杠的驱动元件主要有步进电动机、直流伺服电动机、交流伺服电动机。采用不同的驱动元件，进给系统的结构可能会有所差别。丝杠常用的驱动方式有：电动机经变速齿轮驱动丝杠(图2-18a)、电动机经同步齿形带驱动丝杠(图2-18b)、电动机直接驱动丝杠(图2-18c)。进给系统中的齿轮副必须采用一定的措施和装置来消除齿轮侧隙对传动精度的影响。

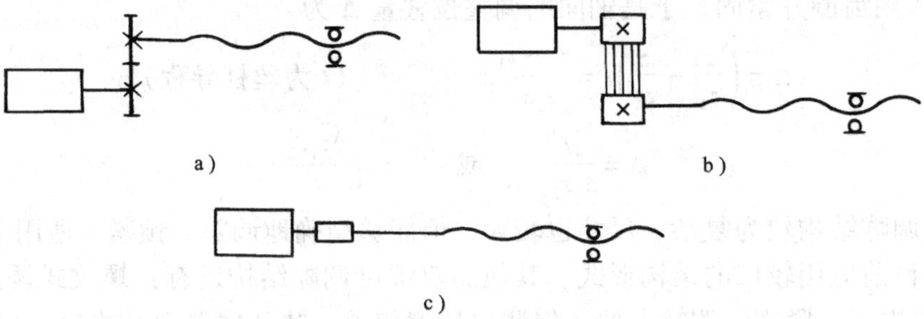

图2-18 丝杠驱动示意图

a）经变速齿轮驱动 b）经同步齿形带驱动 c）直接驱动

数控机床进给系统除了采用丝杠螺母将电动机的旋转运动转化为直线进给运动外，可直接产生直线运动的直线电动机正逐步得到应用，它具有进给速度快、响应快、精度高、动态刚度高、传动效率高等优点，适合于进给速度要求高的数控机床。

四、数控车床的结构特点

与卧式车床相比较，数控车床仍由主轴箱、进给传动机构、刀架、床身等部件组成，但结构功能具有本质上的区别。数控车床分别由两台电动机驱动滚珠丝杠旋转，带动刀架作纵向及横向进给，不再使用传动齿轮、光杠等传动部件，传动链短，刀架也可作自动回转。数控车床的主轴箱结构比卧式车床要简单得多，机床总体结构刚性好，传动部件大量采用轻拖动构件，如滚珠丝杠副等，并采用间隙消除机构，进给传动精度高，灵敏度及稳定性好。

数控车床的床身结构已发生了根本性的变化，如图2-19是常见的几种床身结构。水平床身(图2-19a)工艺性好，导轨面易于加工，但排屑困难，横向宽度尺寸较大；斜床身(图2-19b)排屑容易，便于实现自动排屑，横向宽度尺寸缩小；水平床身配斜滑板(图2-19c)既有水平床身工艺性好的特点，又有斜床身排屑容易的优点。

数控车床采用回转刀架进行自动换刀，回转刀架有两种形式：一种是回转轴垂直于主轴的转塔式回转刀架，如四方刀架和六角刀架等；另一种是回转轴平行于主轴的盘状回转刀架，一般有8个以上工位，如8工位回转刀架和10工位动力回转刀架(图2-20)。

采用动力回转刀架的数控车床称为车削中心，它除了可车削回转表面外，还能完成铣槽、铣小平面、锪孔、钻孔等加工内容。有的车削中心还具有两个独立控制的刀架系统，即四轴双刀架系统，扩大了加工范围，提高了加工效率，适合于加工形状复杂、形位精度

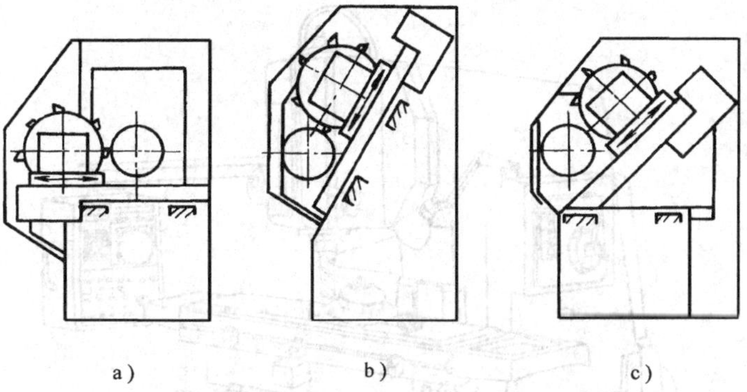

图 2-19　数控车床的床身结构
a）水平床身　b）斜床身　c）水平床身配斜滑板

要求高的零件。

五、数控铣床的结构特点

数控铣床的种类较多，其中应用最广、数量最多的是立式数控铣床。一般中小型的数控铣床通过变频器实现主轴调速，由工作台移动进行纵、横向进给，垂向进给通过工作台升降或主轴头上下移动进行，如图 2-21 所示。因滚珠丝杠不能自锁，垂直布置的滚珠丝杠受工作台或主轴头重力作用会自动下行，故垂向进给结构需配重平衡，且有阻尼或锁紧机构，驱动部件多选用带制动器的伺服电动机。

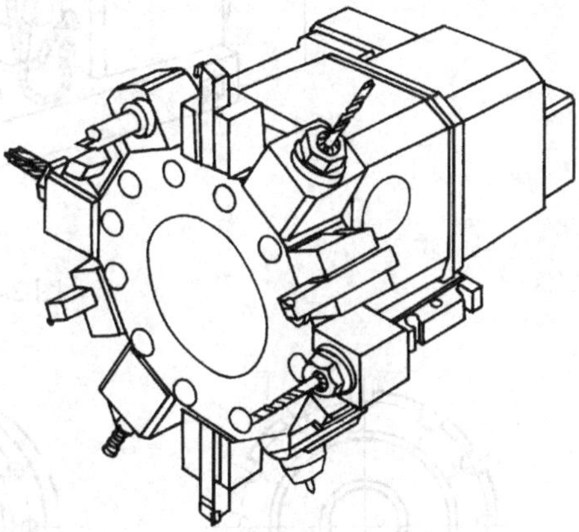

图 2-20　10 工位动力回转刀架

数控铣床多数采用三轴两联动系统控制（俗称两轴半），通常只能加工平面上的曲线轮廓。少数采用四轴数控系统的数控铣床，可增设一个数控回转工作台或数控分度工作台，用以加工叶轮、螺旋槽等空间曲面。

六、加工中心的结构特点

加工中心是一种集镗、铣、钻等多工序于一体的、配有刀库（刀具在机外对刀后，装入刀库）并能自动换刀的高效多功能数控机床。工件一次装夹可完成钻孔、扩孔、铰孔、攻螺纹、镗孔、铣削各种型面等多个工步的自动加工。有的加工中心还配有交换工作台，可在加工位于工作位置上的工件的同时，装卸位于装卸位置上的另一个工件，使工件的装卸不占用加工时间，提高了生产效率。

加工中心的刀库形式较多，常用的有盘式刀库和链式刀库。图 2-22 为盘式刀库，其结构简单，选刀、取刀方便，应用广泛，但刀具呈环形排列，空间利用率低，刀库容量较小，一般不超过 32 把。图 2-23 为链式刀库，其结构紧凑，可灵活配置，刀库容量较大，选刀、取刀也较方便。

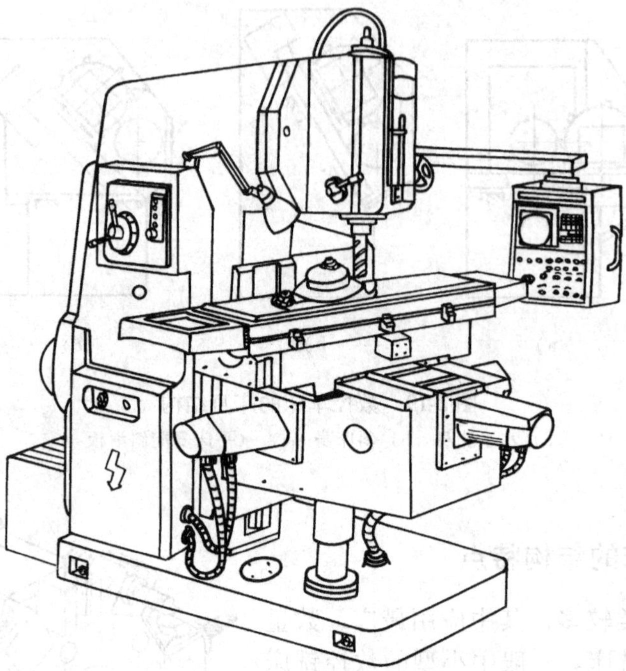

图 2-21 立式数控铣床

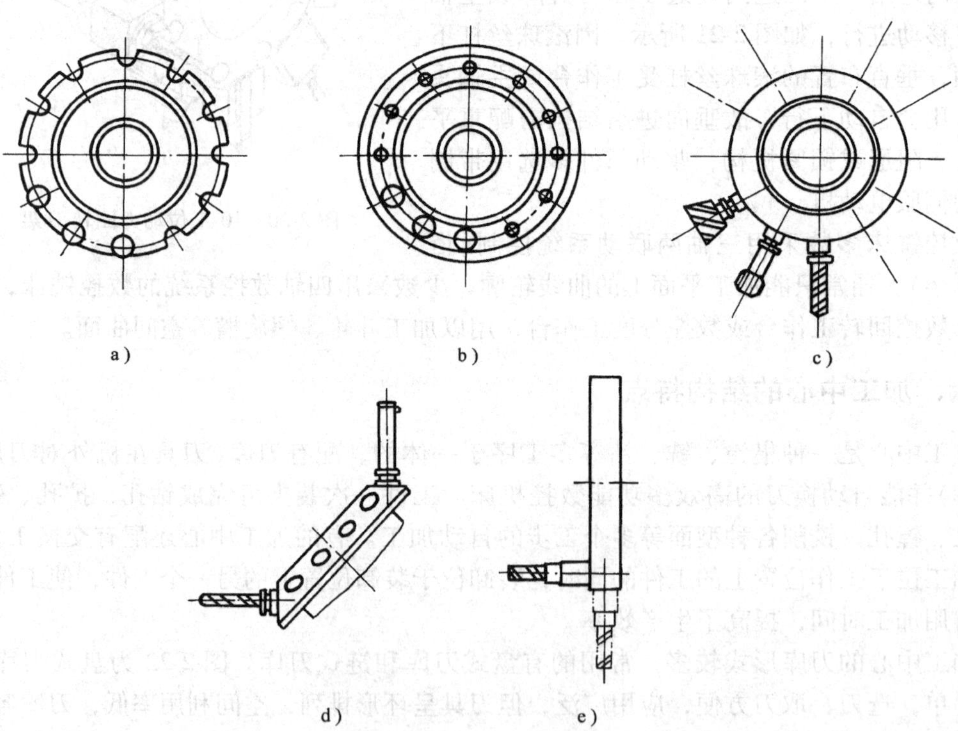

图 2-22 盘式刀库

a）径向取刀式 b）轴向取刀式 c）刀具轴线与刀库轴线垂直

d）刀具轴线斜置 e）刀具可作 90°翻转

加工中心目前多用机械手进行自动换刀，因刀库结构及换刀方式的不同，故换刀机械手的形式也多种多样。其中应用最广的是双臂机械手，它结构简单，换刀灵活，动作快，图 2-24 是双臂机械手的几种常用形式。图 2-24a、b、c 所示的形式能同时抓取、装卸刀库和主轴上的刀具，动作简单，换刀省时；图 2-24d 所示的形式从刀库取刀和把刀放回刀库的动作并不占用加工时间，故也省时。

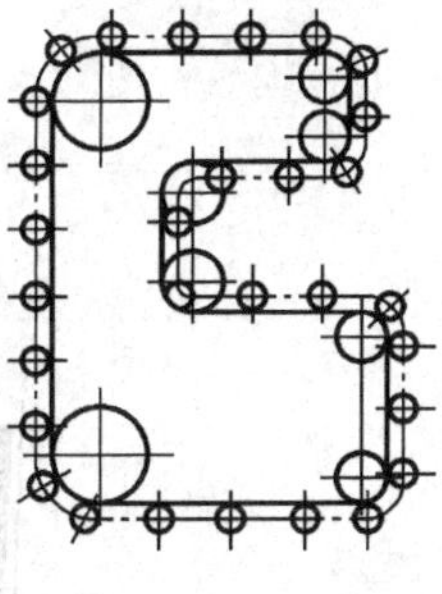

图 2-23　链式刀库

加工中心按照主轴轴线的空间位置和机床的框架结构，可分为立式、卧式、龙门式和万能加工中心。立式加工中心(图 2-25)，主轴垂直设置，多采用固定立柱式结构，适合于盖板类、盘类零件及各种模具的加工；卧式加工中心(图 2-26)，主轴水平设置，机床结构比立式加工中心复杂，常配有自动分度回转工作台，适合于箱体类零件的加工；龙门式加工中心(图 2-27)，形状与龙门铣床相似，主轴多为垂直设置，适合于大型复杂零件的加工；万能加工中心，结构复杂，具有立式和卧式加工中心的功能，可对工件除安装面以外的所有侧面和顶面进行加工，适合于复杂的零件加工。与普通数控铣床、镗床相比，加工中心具有较多的功能组合，因此更适合于形状复杂、精度要求高、更新频繁的产品加工。

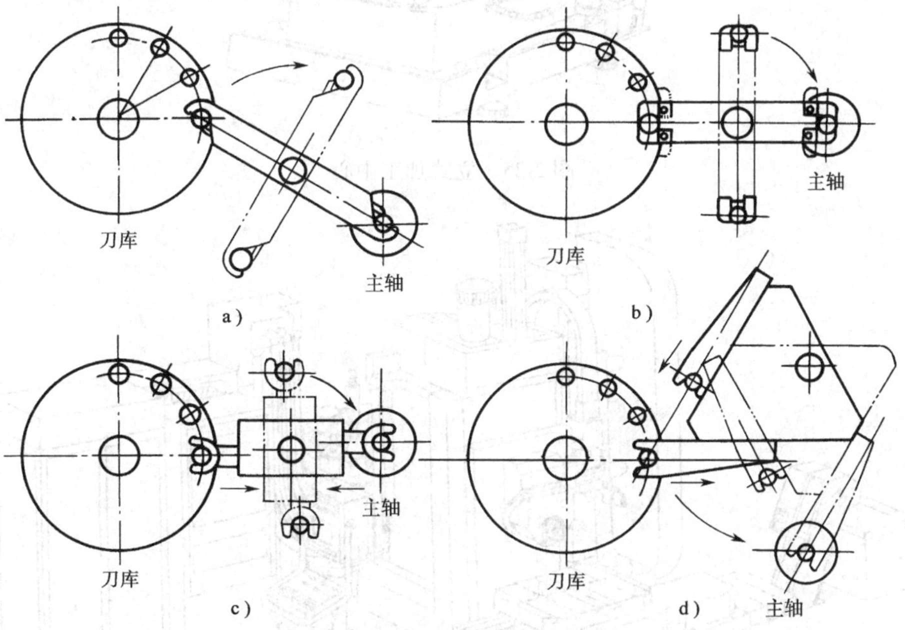

图 2-24　双臂机械手的常用形式

a）钩手　b）抱手　c）伸缩手　d）叉手

随着计算机数控多轴联动技术和复杂坐标快速变换运算方法的发展，在 20 世纪 90 年代初出现了以 Stewart 平台机器人机构(即通过同时改变六根杆子的长度,实现六个自由度的运动)为基础的虚拟轴机床(又称并联运动机床、关节机床)，如图 2-28 所示。虚拟轴机床在机床的运动结构上取得了创造性的突破，自 1994 年在美国芝加哥国际机床展览会上首次公开展出后，即受到了各国机床行业的高度重视和普遍关注。近年来，我国的哈尔滨工业大学、清华大学、天津大学等高校与有关单位合作，相继研制出多台虚拟轴机床样机，赶上了国际机床发展的潮流。

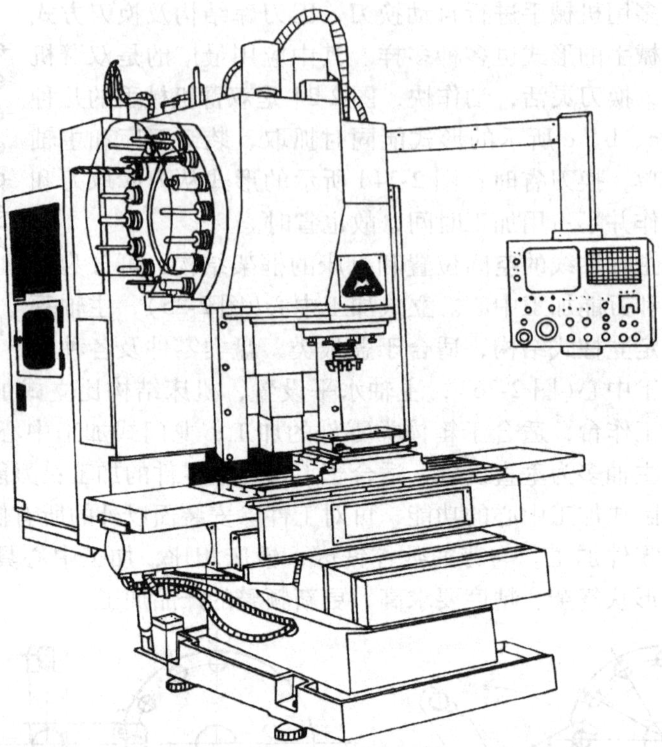

图 2-25 立式加工中心

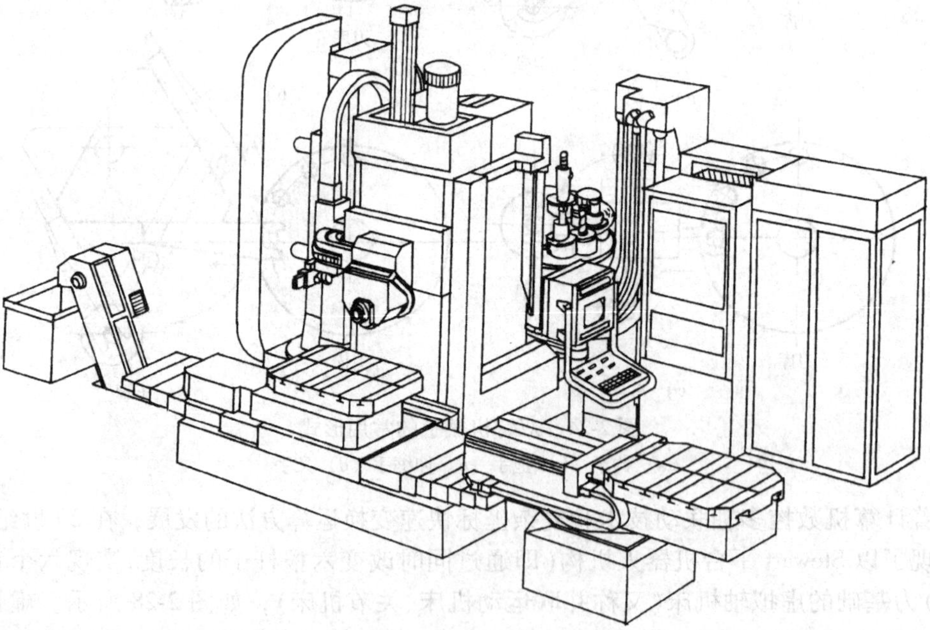

图 2-26 卧式加工中心

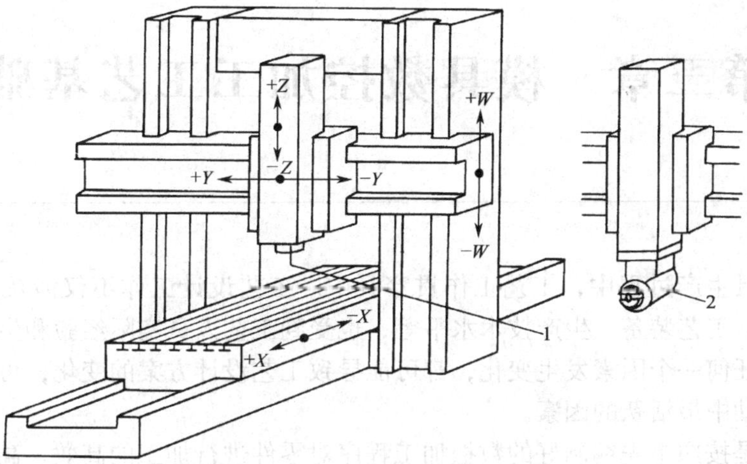

图 2-27　龙门式加工中心

1—镗铣主轴　2—卧式主轴

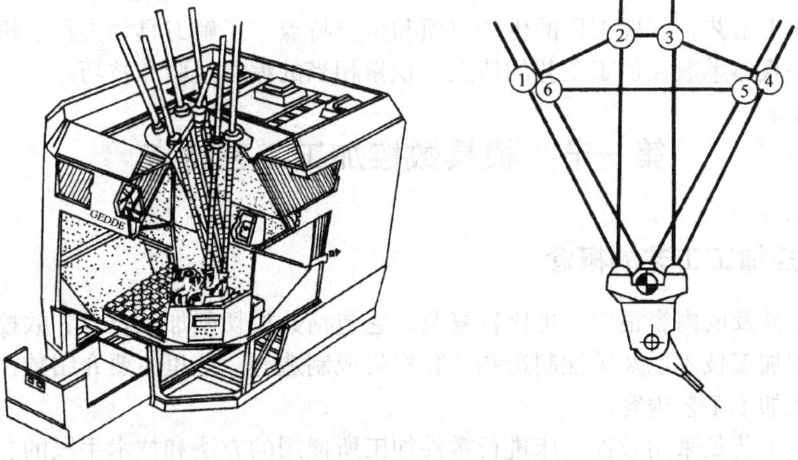

图 2-28　虚拟轴机床

复习思考题

1. 简述数控机床的基本组成部分及其工作原理。
2. 简述计算机数控系统的工作过程。
3. 简述开环、闭环、半闭环控制系统的基本特点。
4. 数控机床中常用的驱动部件有哪些？它们各有什么特点？
5. 常用的位置检测元件有哪些？简述光栅和磁栅工作原理的差别。
6. 与普通机床相比，数控机床在结构要求及特点上有哪些差异？

第三章　模具数控加工工艺基础

在整个模具生产过程中，工艺工作贯穿其中。工艺设计工作不仅涉及企业的生产类型、产品结构、工艺装备、生产技术水平等，也受到工艺人员实际经验和生产管理体制的制约，其中的任何一个因素发生变化，都可能导致工艺设计方案的变化，可以说工艺设计是企业生产活动中最活跃的因素。

数控机床是按照事先编制好的数控加工程序对零件进行加工的高效、高精度自动化设备。数控编程作为数控加工中最重要的一环，程序编制的好坏直接影响数控机床的正确使用和数控加工特点的发挥。编制数控加工程序前，应进行数控加工的前期工艺准备，完成零件数控加工工艺设计等工作。数控加工实践表明：工艺考虑不周是影响数控机床加工质量、生产效率及加工成本的重要因素。因此，合格的编程人员也应当是合格的工艺人员，应通晓机械加工工艺，掌握工厂的生产习惯和生产特点，了解刀具、夹具、机床及数控系统的性能，并且熟悉数控加工工艺的特点，积累相当的编程经验和技巧。

第一节　模具数控加工工艺特点

一、数控加工工艺的概念

数控加工涉及的内容很广，也比较复杂，它包括数控切削加工技术、数控板材加工技术、数控特种加工技术以及柔性制造和计算机集成制造等。这里主要介绍数控切削加工技术相关的数控加工工艺内容。

数控加工工艺是采用数控机床进行零件加工所使用的方法和技术手段的总和，是伴随着数控机床的产生、发展而逐步完善起来的一种应用技术，是大量数控加工实践的经验总结。数控加工工艺内容包括：

1）对零件图样进行工艺分析，确定零件的数控加工内容，选择加工机床类型。

2）加工工序、工步确定。

3）刀具、夹具的选择和调整。

4）加工轨迹的计算和优化，加工程序的编写、校验与修改。

5）首件试加工与现场问题处理。

6）数控加工工艺技术文件的定型与归档。

二、数控加工工艺的特点

数控加工工艺与普通机床加工工艺相比较，遵循的基本原则和使用的方法大致相同。但由于数控机床自动化程度高、精度高、质量稳定、设备使用费高等特点，使数控加工相应形成了以下特点：

1. 数控加工工艺内容要求具体详细

数控加工工艺制订的步骤和内容与普通工艺大致相同，但数控加工工艺的一个明显特点是工艺内容十分具体、完整。

普通机床加工过程中，机床与操作人员之间直接交换信息。如果刀具出现磨损(或缺损)、切削量发生变化及加工条件不适当时，操作人员通过加工中发出的声音、振动和发热等现象可掌握加工状况，根据长期积累的经验及时调整。因此，普通工艺规程视零件的生产批量、复杂程度以及零件重要性的不同而有不同的工艺设计内容，但最多详细到工步。

数控加工是由机床实施自动化加工，在零件的加工过程中一般不需要人工干预。普通机床加工中由工人灵活掌握，并可适时调整处理的许多工艺问题，如：刀具尺寸、加工余量、切削用量、走刀路线等具体在每一步走刀的每一个操作细节，在数控加工中，都必须事先具体详细设计和安排。也就是说，采用数控加工时，不论零件简单、重要与否，都要有完整的加工程序，制订详细的工艺。

2. 数控加工工艺要求更严密、精确

数控机床虽然自动化程度较高，但自适应性差。比如数控机床攻螺纹时，它就不知道孔中是否已挤满切屑，是否需要退一下刀，清理了切屑再加工，这些必须由工艺设计人员精心考虑。

普通机床加工零件时，通常是经过多次“测量—调整进给量—加工”过程来满足零件的精度要求，而数控加工过程是严格按程序规定的尺寸进给的，因此在对零件图样进行数学处理和计算时，要求准确无误。实际工作中，由于一个小数点或一个逗号的差错而酿成重大机床事故和质量事故的例子屡见不鲜。

3. 数控加工方法的特点

对于一般简单表面的加工方法，数控加工与普通机床加工差异不大。但对于一些复杂表面或有特殊要求的加工，数控加工就与传统加工发生了很大的变化。例如模板的加工，过去采用手工划线、钻床钻孔、立铣加工型孔、手工攻螺纹等工序。改用数控加工后，直接用数控机床定位钻孔，减少了手工划线工序，而且孔位精度有了提高。如果使用加工中心，则一次装夹可以完成所有加工内容。由于减少了装夹和工序转移的等待时间，大幅度缩短了加工周期，同时也消除了多次装夹带来的定位误差，提高了加工精度。因此，工序相对集中是现代数控加工工艺的重要特点。

其次，由于数控机床的刚度比普通机床高，所配的刀具也较好，因而在同等情况下，所采用的切削用量通常比普通机床大，加工效率也较高。选择切削用量时应充分考虑这一特点。

另外，数控机床加工的零件通常比较复杂，在装夹方式确定和夹具设计时，通常要特别注意刀具与夹具、工件的干涉问题。

第二节　模具数控加工工艺设计

根据模具加工的特点，以及数控机床新工艺的要求，在模具数控加工工艺上应注意采取措施，充分发挥机床的高精度、高效率的优势，以保证模具加工质量。

1. 零件图工艺分析

在确定零件数控加工内容后，依据数控机床性能及实际工作经验，需要对零件图进行工艺性分析，减少后续编程和加工中可能出现的失误。零件图的工艺分析主要考虑：

1）检查零件图的完整性和正确性。对轮廓零件，检查构成轮廓各几何元素的尺寸或相互关系（如相切、相交、平行、垂直和同心等）的标注是否完整。在实际工作中常常会遇到图样中给出的几何元素的相互关系不够明确，缺少尺寸，使编程计算无法完成等问题。或者，虽然给出了几何元素的相互关系，但同时又给出了引起矛盾的相关尺寸或多余的尺寸，同样会给编程计算带来困扰。

2）检查零件图上各个方向的尺寸是否采用统一的设计基准，以保证多次装夹加工后其相对位置的正确性。如果没有，可以考虑在不影响精度的前提下，选择统一的工艺基准，计算转化各尺寸，以便简化编程计算，保证零件图的设计精度要求。

2. 工序、工步的设计

数控加工的工序是指一个零件在一次装夹中连续自动加工直至结束的所有工艺内容，具体包括零件的装夹方法和夹具选用、刀具选择与工步划分以及走刀路线、切削用量选择等。

数控加工工艺源于传统的加工工艺，数控加工工序安排时同样要遵循普通机械加工工艺的基本原则，一般工艺有关基准选择以及“基面先行、先主后次、先粗后精、先面后孔”等原则同样适用于数控加工的工序划分。一般模具零件加工工序安排为：①重切削，去除零件毛坯上大部分余量，如粗铣大平面、粗铣曲面、粗镗孔等；②加工发热量小，精度要求不高的内容，如半精铣平面、半精镗孔等；③精铣模具的曲面等；④钻中心孔、钻小孔、攻螺纹；⑤精镗孔、精铣平面、铰孔。

现代数控机床具有刚性大、精度高、刀库容量大、切削参数范围广及多坐标、多工位等特点，一般而言，只要数控机床选用适当，一个零件的数控加工可在一次装夹中完成。但为了充分利用数控机床的高效率、高精度、高自动化等特点，对于需要多道工序才能完成加工的零件，必须考虑工序划分。一般工序划分的方法有：

（1）以加工内容划分工序　对于加工内容较多的零件，车间现有数控机床的功能不能满足一个零件的全部加工部位，则按零件结构特点将加工内容分成若干部分，根据实际情况分散在几台数控机床上加工，每一部分用典型刀具加工。例如分别加工内腔、外形、平面或曲面等。另外，数控程序过长（如大型曲面加工），不仅容易出错，而且有可能超过系统内存容量，或超过一个工作班，或在加工一个面的中途刀具容易磨损失效，此时也应按加工表面划分多个工序。

（2）以所用刀具划分工序　通常在数控加工中确定走刀路线时遵循“少换刀”原则，即在一次换刀后尽可能完成一个零件上所有相同表面的加工（如一个零件上所有相同直径的钻孔），以减少辅助时间。有些零件在一次装夹中可以完成许多加工内容，这时可以将一把刀能加工完的所有部位作为一道工序，然后再换第二把刀加工，作为新的一道工序。这样可以减少换刀次数，减少不必要的重复定位，减少空程时间。对加工中心而言，更应避免在一个零件的加工过程中重复换用同一把刀具，因其换刀动作速度快，对机构（特别是主轴定位孔）的寿命不利，且换刀的时间较长，因此，加工中心的加工往往是按所用刀具划分程序块的。

(3) 以粗、精加工划分工序　数控机床可实现一次装夹完成工件粗、精加工。但是若粗、精加工一次完成，则零件不能得到时效处理，内应力难以消除，同时粗加工时，金属切除量大，零件温升高，零件在热态下进行精加工，冷却后会造成精度下降。另外，考虑装夹位置的合理性、夹具夹紧变形等因素，对于容易发生加工变形、精度要求很高的零件，通常要求粗加工后进行整形，这时粗加工和精加工必须作为两道工序，多次装夹。

数控加工工序的划分不是一成不变的，不能一味求快而不顾加工的合理性，应以有利于零件的加工及保证技术要求为前提，根据零件的具体情况合理安排工序。

一个工序内，可能采用了不同的刀具和切削用量，对不同的表面进行加工。为了便于分析和描述工序的内容，工序还可进一步划分工步。加工中切削工具和切削用量中的转速与进给量均不变时，所完成的那部分工序内容称为工步。工序划分以后，即可对每个工序进行详细工步设计。工步设计是保证加工质量与生产效率的关键，是编写加工程序的工艺依据。

3. 零件数控加工与普通加工工序的划分

一般而言，凡是用普通机床等传统方法能加工的零件，都可用数控机床加工，但就经济性、合理性及生产条件而言，特别是在企业数控化率较低的情况下，并非所有的零件或一个零件的所有加工部分都用数控加工为好。在工序安排上往往根据数控加工和通用设备加工的各自特长，在保证高精度、高效率的前提下，考虑数控加工和普通机床加工的经济合理性，以保持生产节拍和生产能力的平衡。因此，在下列情况下应考虑插入普通机床加工工序：

(1) 铸、锻件毛坯的预加工　如去除铸、锻、热处理产生的氧化硬层(黑皮)，切除不均匀或不稳定的余量，精化零件毛坯。

(2) 粗定位基准的预加工　数控加工对定位基准(如箱体与平板凸轮零件的基准面与定位孔，轴类零件的装夹面与中心孔)的圆柱度、平面度、表面粗糙度有较高要求，可预先用普通机床加工出基准面、基准孔等。

(3) 数控加工难以完成的个别或次要部位　例如：排屑不畅且易断刀的小直径螺孔或深孔的加工；由于所用数控机床的功能原因难以完成的个别部位(如斜孔、珩磨孔)；由于刀库容量不足无法完成的个别部位等。

(4) 大型、复杂零件中的简单表面　例如模具的复杂型腔(特别是用数学模型表示的曲线、曲面)只能用数控加工，而其型腔体的外平面要求较高，除刨或铣外还要求平磨，此时常采用普通方法加工。

模具数控加工中插入必要的普通加工工序，可更加有效地发挥现有数控机床的效能，延长数控机床的使用寿命，降低加工成本，是一种经济、合理的工艺路线方案。但在制订零件的工艺路线时，应以工艺文件的形式明确数控工序与非数控工序在定位、加工余量、质量要求等方面的衔接问题，以便协调与管理。

第三节　数控机床、刀具和夹具的选择与使用

一、数控机床的合理使用

在模具制造中当然最好是拥有加工精度和加工效率都很高的设备，但为了降低生产成本，则应按照主要追求目标来配置加工设备。如果主要是为了满足加工精度，就应注意机床

的热变形、工件的温升、加工变形及残余应力释放等问题。如果主要是为了提高加工效率，则着重考虑装夹自动化、实施长时间无人化操作等。

数控机床(尤其是加工中心)是计算机技术与机械制造技术综合而成的高精设备，要想在模具制造中发挥最佳效果，在工序设计过程中，就应考虑加工设备的选用问题。根据零件的表面加工方法、精度与粗糙度、工件形状与尺寸、需要机床的坐标轴数等要求，并考虑现有机床的条件与负荷、加工成本等因素正确选用数控机床。

1. 数控机床的选用原则

数控机床有高档、中档、经济型之分。目前，我国的经济型数控机床性能已有了质的提高，价格是中档数控机床的几分之一至十几分之一，应尽可能选用。对于高档型数控机床，为保持其精度则应控制使用。在加工效率和精度要求影响不大的前提下，应尽可能选用加工成本较低的设备。

1）对不太复杂、尺寸不大的孔系加工(如阀体)，可选用数控钻床而不必用价格昂贵的加工中心。

2）立式加工中心价格为卧式加工中心的1/2～1/3，对四面体(要求多工位)并有平面的复杂孔系零件(如箱体)，可选用卧式加工中心；对单面的孔系或曲面的板件与端面凸轮等零件，则选用立式加工中心，定位方便，可降低加工成本。

2. 曲面加工与坐标轴数的选择

模具加工中常要加工各种型面复杂的轮廓。数控加工曲面多利用轨迹法，即利用刀尖运动的轨迹来形成被加工表面的形状。普通数控系统一般只具有直线与圆弧插补功能，对于母线为任意曲线的平面轮廓或立体曲面的加工，往往采用多个微小的直线段与圆弧段逼近的加工方法，如图3-1所示。逼近线段的交点为节点，逼近误差一般取零件公差的1/5～1/10。

曲面加工机床有两轴半、三轴、四轴、五轴等之分，应根据曲面形状、精度与生产率选用不同坐标轴数的机床。

(1）两坐标联动的三坐标行切法加工　X、Y、Z三轴中任意两轴作插补联动，第三轴作单独的周期进刀，常称为两轴半坐标联动。如图3-2所示，将X向分成若干段，圆头铣刀沿YZ面所截的曲线进行铣削，每一段加工完后进给ΔX，再加工另一相邻曲线，如此依次切削即可加工出整个曲面。由于是一个个狭截面的加工，因此常称为行切法，其中ΔX是根据表面粗糙度及刀头不干涉相邻表面的原则选取的。行切法加工所用的刀具通常采用球头铣刀(指状铣刀)，这样计算比较简单。

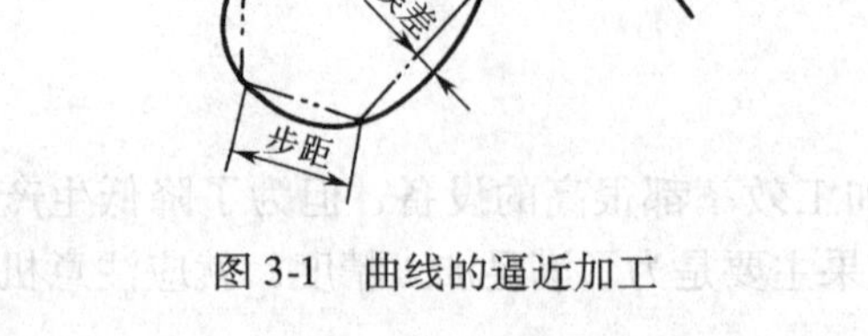

图3-1　曲线的逼近加工

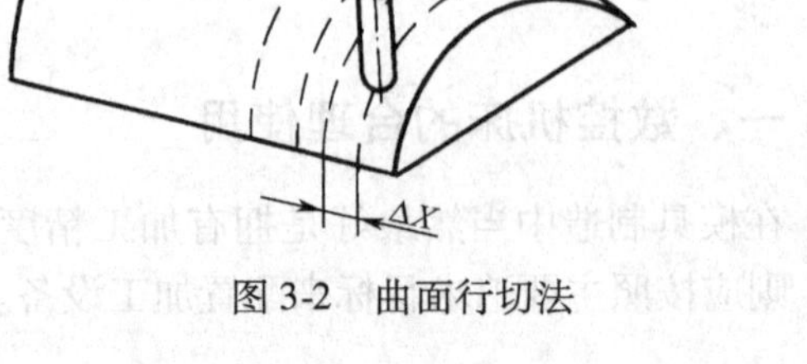

图3-2　曲面行切法

图 3-3 为内循环滚珠螺母反向器加工示意图，也是采用两坐标联动三坐标位移的方法加工。其滚道母线 SS' 为一条空间曲线，在 XY 及 XZ 两平面上均为平面曲线。采用阶梯逼近的加工方法(图右所示)，在 XY 平面内两轴联动，Z 向作周期进给，依次步步逼近，从而形成一条空间曲线。

用球头铣刀加工曲面时，总是用刀心轨迹的数据进行编程。图 3-4 为两轴半联动三坐标行切法加工的刀心轨迹与切削点轨迹示意图。$ABCD$ 为被加工曲面，P 平面为平行于 YZ 坐标面的一个行切面，其刀心轨迹 O_1O_2 为曲面 $ABCD$ 的等距面 $IJKL$ 与行切面 P 的交线，显然，O_1O_2 是一条平面曲线。当曲面的曲率变化时，会导致球头刀与曲面切削点的位置随之改变，因而，切削点的连线 ab 则是一条空间折线，从而在曲面上形成扭曲的残留沟纹。

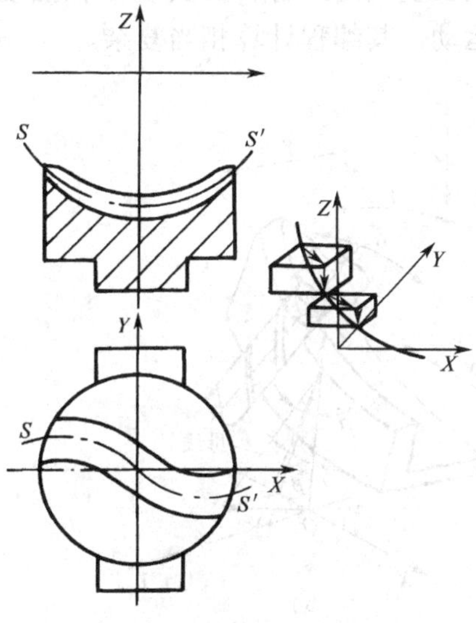

图 3-3　空间曲线的阶梯逼近

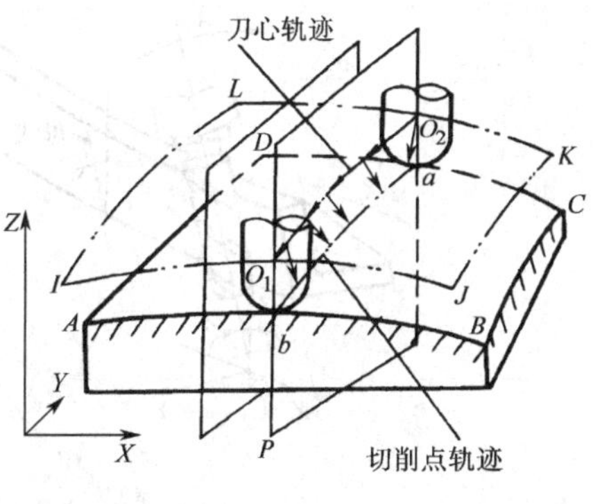

图 3-4　两轴半联动三坐标加工示意图

由于两轴半坐标加工的刀心轨迹为平面曲线，编程计算较为简单，常用于曲率变化不大及精度要求不高的粗加工。

(2) 三坐标联动加工　用三坐标联动加工曲面时，X、Y、Z 轴可同时插补联动，通常亦用行切法。如图 3-5 所示，同样，P 平面为平行于 YZ 坐标面的一个行切面，其与曲面的交线 ab 若要求为一条平面曲线，则应使球头刀与曲面的切削点总是处在平面曲线 ab 上(即沿 ab 切削)，以获得规则的残留沟纹。显然，这时的刀心轨迹 O_1O_2 不在 P 平面上，而是一条空间折线，因此，需要 X、Y、Z 三轴联动加工。

对于图 3-3 所示的零件，如用三坐标联动加工，可缩小逼近误差，容易保证加工质量。

三坐标联动加工常用于复杂空间曲面的精确加工(如精密锻模)。但编程计算较为复杂，所用机床的数控装置还必须具备三轴联动功能。

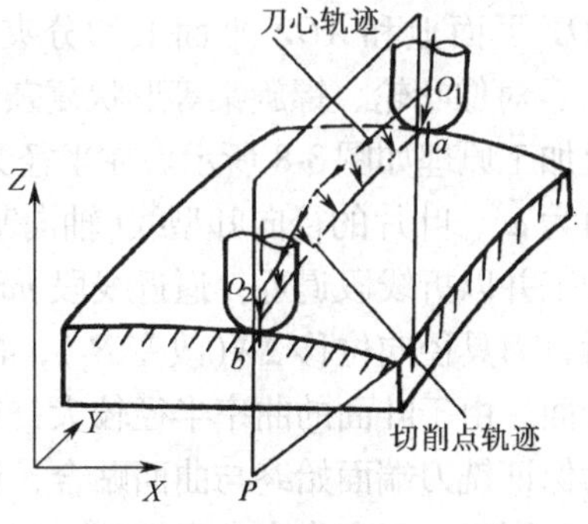

图 3-5　三坐标联动加工

（3）四坐标联动加工 加工面与水平面的夹角呈连续变化的零件称为变斜角零件，如飞机上的变斜角梁缘条，如图3-6所示。若在三坐标联动的机床上用圆头铣刀按行切法加工变斜角面，不但生产效率低，而且表面粗糙度值大。变斜角零件的变斜角面不能展开为平面，但加工中，加工面与铣刀圆周接触的瞬间为一条线。因此，对曲率变化较小的变斜角面，选用X、Y、Z和A四坐标联动的数控铣床，采用立铣刀（当零件斜角过大，超过机床主轴摆角范围时，可用角度成形铣刀加以弥补）以插补方法作摆角联动，进行周边切削加工，如图3-7a所示。加工时，为保证刀具与零件型面在全长上始终贴合，刀具绕A轴摆动角度。由于摆角运动导致直角坐标（图中Y轴）需作附加运动，其编程计算相当复杂。

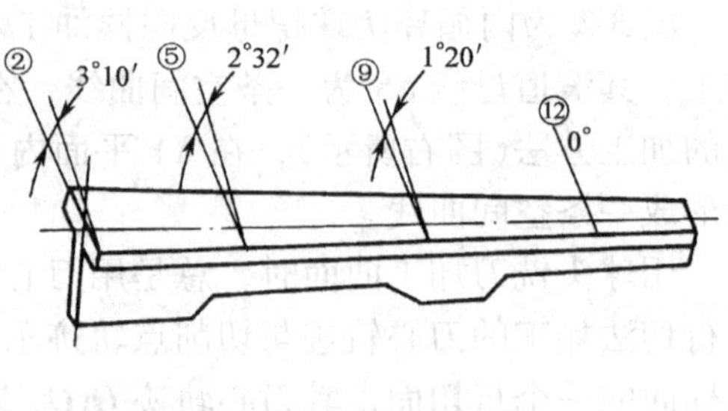

图3-6 变斜角零件

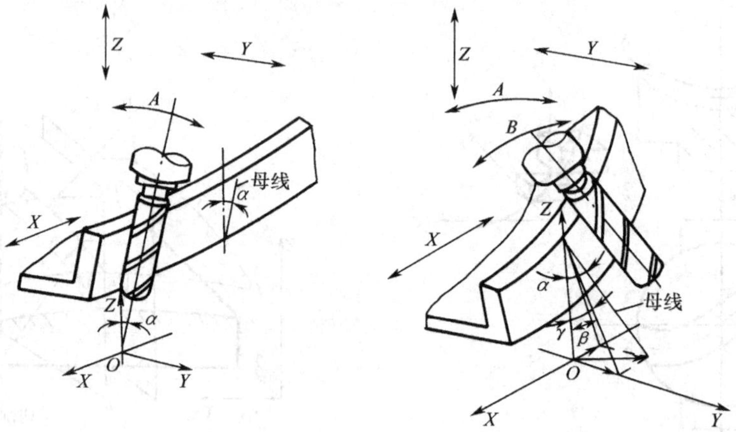

图3-7 四、五坐标数控铣床加工零件变斜角面

a）四坐标联动加工变斜角面 b）五坐标联动加工变斜角面

（4）五坐标联动加工 对曲率变化较大的变斜角面加工，用四坐标联动加工难以满足加工要求，最好用X、Y、Z、A和B（或C转轴）的五坐标联动数控铣床，以圆弧插补方式摆角加工，如图3-7b所示。图中夹角β和γ分别是零件斜面母线与Z坐标轴夹角α在ZOY平面上和XOZ平面上的分夹角。

对像叶轮、螺旋桨等形状复杂、刀具易干涉的零件，常用五坐标联动加工。其叶片的形状及加工原理如图3-8所示。在半径为R_i的圆柱面上与叶面的交线AB为螺旋线的一部分，螺旋角为φ_i，叶片的径向叶型线（轴向割线）EF的倾角α为后倾角。螺旋线AB用极坐标加工方法加工并以折线段逼近，逼近线段mn是由C坐标旋转$\Delta\theta$与Z坐标位移的合成。当AB加工完后，刀具径向位移ΔX（改变R_i），再加工相邻的另一条叶型线，依次逐一加工，即可形成整个叶面。由于叶面的曲率半径较大，所以常用端面铣刀加工，以提高生产率并简化程序。因此，为保证铣刀端面始终与曲面贴合，铣刀还应作与坐标A和坐标B成θ_i和α_i的摆角运动，在摆角的同时，还应作直角坐标的附加运动，以保证铣刀端面中心始终位于编程值位置上，所以需要Z、C、X、A、B五坐标联动加工。这种加工的编程计算最为复杂。

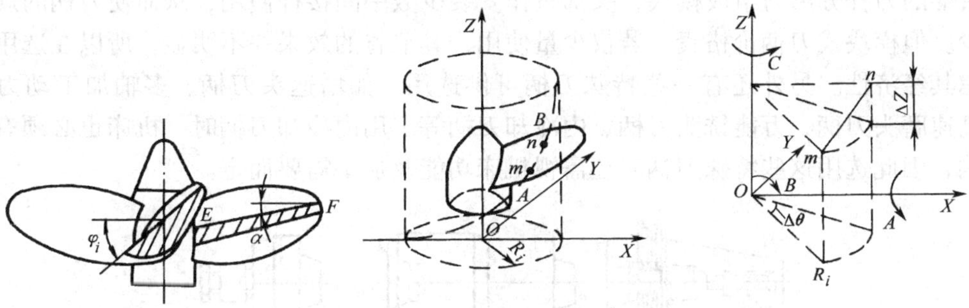

图 3-8　叶片形状及五坐标联动加工原理

二、数控刀具选择

1. 数控加工对刀具的特殊要求

为了提高数控机床的使用效率，数控加工对刀具有着更高、更严格的要求。

(1) 足够的强度与刚度　现代数控机床具有高速、大动力、高刚度的性能，这就要求刀具具备高速切削与强力切削的性能，满足粗、精加工的要求。

(2) 高的刀具寿命和可靠性　刀具寿命的提高，可减少换刀与对刀的次数，从而减少停机损失。数控加工对切削刃(刀片)材料的硬度与耐磨性、强度与韧性、耐热性等方面有较高要求，应根据工件材料的切削性能、粗精加工要求及冲击振动与热处理等工况合理选用，对大余量、难加工的材料以及精度要求高的工件加工时，更应注意高硬度、高耐磨性的刀具材料的应用。一般而言，刀具的寿命应尽可能保证加工完一个零件，或一个大型、复杂表面，或一个工作班。

(3) 较高的精度　例如：机夹可转位式刀具，其刀片精度一般选用 M 级，转位与压紧结构应保证刀片转位时刀尖的位置精度；车刀刀杆安装基面至刀片刀尖的高度应保证不用调整垫片即可满足刀尖(通过工件回转中心)的等高。

(4) 可靠的断屑　数控机床与传统自动化机床一样，切屑不断屑、切屑堆积、切屑缠绕都会影响加工的正常进行，因此，应合理选用切削用量与断屑槽的形状与尺寸，有时还得通过试验确定。

2. 刀柄

数控机床上使用的刀具包括通用刀具和连接刀柄。通用刀具有钻头、铣刀、铰刀、丝锥等。刀柄是机床主轴与刀具之间的连接工具，有时还必须满足机床主轴自动松开和拉紧定位的要求。刀柄也分两类：一类是用于不带刀库的普通数控机床，这类刀柄与通用铣床所用的刀柄区别不大；另一类是用于带刀库的数控机床，如带刀库的数控万能镗铣床、加工中心等，其刀柄带有机械手夹持槽。刀柄在世界范围内有多种标准，如：中国标准 GB/T10944.1—2006 和 GB/T 10944.2—2006、日本标准 MAS403BT、美国标准 ANSIB5.50、德国标准 DIN69871 等。因此，虽然有时刀柄的锥柄号一样，但是其尺寸却略有不同。在选用刀柄时，一定要了解所用机床主轴的标准，否则刀柄将不能适用。

在模具加工中，由于加工对象复杂多变，刀具刀柄的结构、形式、尺寸也是多种多样的，为简便制造、方便使用和管理，还可根据加工需要选用图 3-9 所示模块式刀柄，即将刀柄头部的刀杆分离另组成模块，头部只作安装少数中间接杆使用，从而使刀柄的规格大为减少。但模块式刀柄价格贵，若仅少量使用，其节省的效果并不明显，所以在选用时还要考虑其经济性。另外还有一些特殊刀柄可供选用，如增速头刀柄、多轴加工动力头刀柄、高速磨头刀柄、万能铣头刀柄、内冷却刀柄等。用内冷却刀柄时，机床也必须有内冷却结构，因此选用这些特殊刀柄时还需视机床功能及加工需要而定。

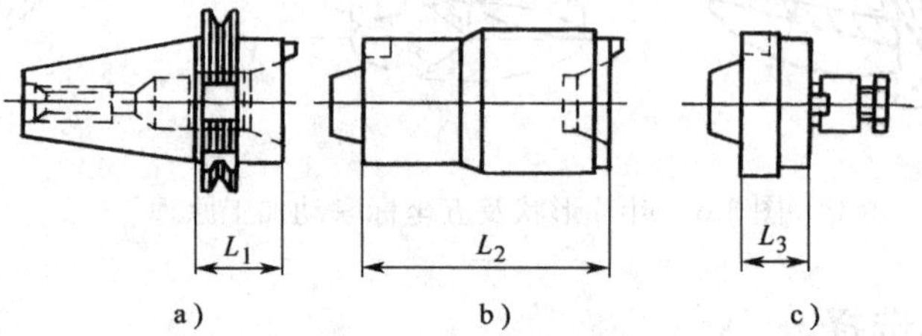

图 3-9 模块式刀柄组成

a）主柄模块 b）中间模块 c）工作模块

3. 切削刀具

在模具等工件型腔的数控铣削加工中，要根据零件材料的性能、加工工序的类型、机床的加工能力以及准备选用的切削用量来合理选择刀具，尽量采用高效刀具和先进刀具。例如对于铣削平面零件，可以采用端铣刀和立铣刀；对于模具加工中常遇到的空间曲面的铣削，加工实践中多用由立铣刀发展而成的模具铣刀，它的结构特点是球头或端面上布满了切削刃，圆周刃与球头刃圆弧连接，可以作径向和轴向进给，分为圆锥形立铣刀、圆柱形球头立铣刀和圆锥形球头立铣刀三种。铣刀工作部分用高速钢或硬质合金制造。小规格的硬质合金模具铣刀多制成整体结构，直径在 ϕ16mm 以上的，制成焊接或机夹可转位刀片结构。图3-10所示为曲面加工用镶硬质合金与可转位式球头铣刀，前者为重磨刀具，刀具寿命和生产效率都低于后者。

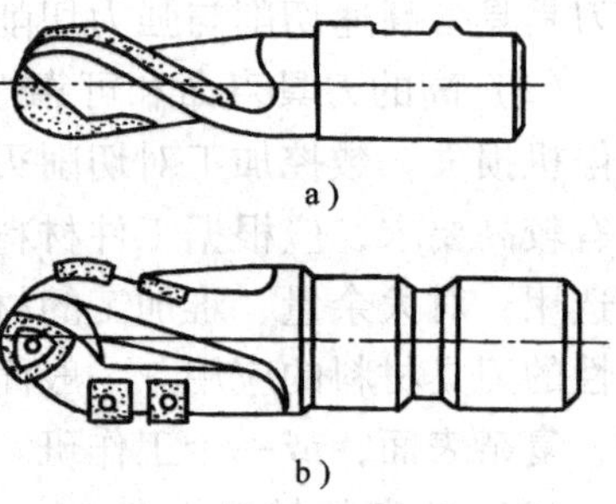

图 3-10 曲面加工用刀具

a）整体式硬质合金铣刀

b）机夹可转位式铣刀

变斜角面零件若用圆柱铣刀加工，需四坐标加工；若用球头铣刀与鼓形铣刀加工可用两轴半坐标加工，即在长度方向的变斜角用两坐标联动，高度(上下)方向为周期进刀。采用三坐标数控铣床两坐标联动，利用球头铣刀和鼓形铣刀，以直线或圆弧插补方式进行分层铣削加工(加工后的残留面积用钳修方法清除)，由于鼓形铣刀的鼓径可以做得比球头铣刀的球径大，所以加工后的残留面积高度小，切削效率也高，常用于铣削飞机变斜角面零件，加工效果比球头铣刀好。图 3-11 所示为用鼓形铣刀铣削变斜角面。

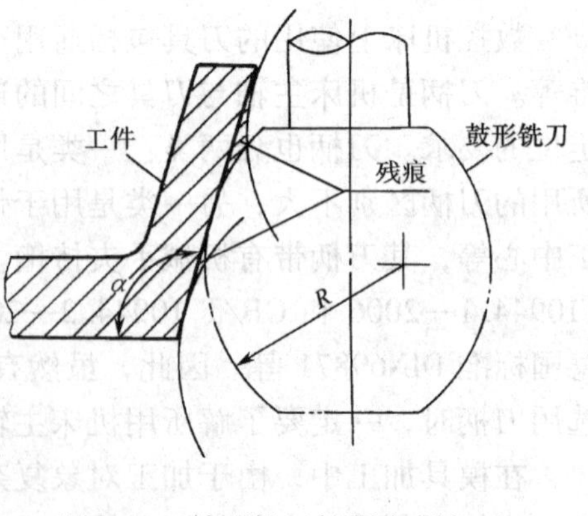

图 3-11 鼓形铣刀铣削变斜角面

曲面轮廓铣削加工中，在不影响加工精度的情况下，球头铣刀的刀头半径应选得大些，有利于减小表面粗糙度值，增加刀具刚度，提高加工效率。但刀头半径应小于曲面的最小曲率半径，以免产生零件过切，影响加工精度。

4. 刀具的调整

加工过程中工件与刀具的相对位置决定了零件加工的尺寸、形状，因此刀具位置的调整会直接影响加工精度。刀具的调整有以下两种方式。

（1）机上对刀　如图 3-12a 所示，即把刀具装在机床主轴上，利用数控装置的数显功能或利用测头附件，相对标准刀具测出每把刀具长度和半径的偏差量，并把其设置在偏置号所指定的地址中或刀具表中。因为刀具直接安装在机床主轴上测量，所以测量准确。但是此方法占用了机时，不能满足辅助时间与切削时间相并行的要求。

（2）机外对刀　此方法是利用刀具预调仪进行机外对刀，如图 3-12b 所示。刀具预调仪的圆锥孔型号必须与机床主轴圆锥孔一致。在刀具预调仪上可测出每把刀具相对标准刀具的长度和半径偏差值，然后把其设置在偏置号所指定的地址中或刀具表中。刀具预调仪的测量装置有光学式、光栅数显式、容栅数显式，也有简单一些的刻度尺配千分表测量式。机外对刀的优点是不占用机时，其测量精度取决于刀具预调仪的制造精度及测量元器件的精度。一般刻度尺及容栅数显式的最小指示单位为 0.01mm，而光栅数显式的最小指示单位是 0.001mm。光学式预调仪是采用了放大 10 倍或 20 倍的投影屏，通过放大投影在光屏上测量刀具的半径和长度。目前很多数显装置上带有计算机数据存储和处理功能，测量时可以把刀具数据储存起来并组成刀具数据文件。该文件可以通过数显装置上的 RS-232 串行接口经电缆直接输入到机床数控装置中去，也可以连接打印机把刀具数据文件打印出来。另外还可以配有数据分配功能，控制数据流向，使一台刀具预调仪供多台数控机床使用。

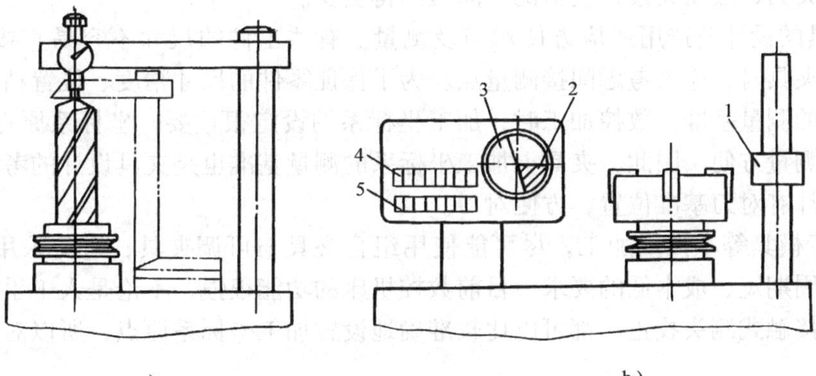

a）　　b）

图 3-12　刀具预调仪

a）机上对刀　b）机外对刀

1—光学测头　2—刀具刃口投影　3—可旋转刻线屏　4—直径　5—长度

应当注意当刀具安装在机床主轴上进行切削时，由于切削力的影响，加工出零件的实际尺寸往往与在刀具预调仪上测出的刀具尺寸有微小差别。因此，有时在正式加工前要进行试切削，现场修正刀具参数，然后再正式加工零件。刀具调整完成后按顺序把每把刀具置放在刀库的相应刀座中，并认真填写刀具调整卡片以便查阅。

三、夹具的设计和使用

工件安装情况的好坏，将直接影响工件的加工精度。

数控机床是按程序自动加工的，因此数控加工要求每一个零件在夹具上的定位、装夹必须精确，加工中不允许变形，零件的装卸时间力求减少。为了适应多工序、多刀具的加工，数控机床固定工件的工装夹具要求独特。因此对夹具的设计使用有以下具体要求：

1）装夹方式要有利于数控编程计算的方便和准确，便于编程坐标系的建立。零件在夹具上的定位基准应与零件的设计基准或工艺基准一致，通常要求夹具的坐标方向与机床的坐标方向相对固定，便于建立零件与机床坐标系的尺寸关系。尽可能做到在一次装夹后能加工出全部或大部分待加工表面，尽量减少装夹次数，以提高加工效率和保证加工精度。

2）夹具结构应具备足够的刚性，避免振动与夹压变形，还应能方便排除切屑。

3）夹具的设计要保证开敞性的原则。夹具的设计必须方便加工，确保刀具的运动空间，避免刀具组件与夹具碰撞。零件轮廓数控加工总是会有刀具切入和切出轨迹，另外，在加工模具的型面时通常采用行切法，行与行之间的刀具转换点有时会选择在曲面之外，所有这些运动轨迹不能和夹具的任何部分(包括压板、螺栓、螺母等)发生干涉。不仅如此，切削刀具、刀柄、主轴端面乃至主轴端面上的喷油嘴，都不能与夹具发生干涉。这在卧式加工中心加工箱体时尤应注意。

4）装卸零件要方便可靠，能迅速完成零件的定位、夹紧和拆卸过程。所以夹具的整体性要好，尽可能简化，不要有十分繁杂的结构和零碎的配件。夹紧要快速，如采用偏心夹紧、气动夹紧、液压夹紧，使辅助时间压缩得更少。

5）夹具的设计与选用还应方便对刀及测量。有些工件的尺寸不容易直接测量出来，所以在设计夹具时，应该考虑间接测量点。为了保证零件的尺寸精度、位置精度，在夹具上应有统一的测量基准。数控加工时，加工坐标系的设定很重要，坐标系原点设定得好，编程简单、测量方便。因此，夹具上加工坐标系的测量基准也是夹具设计的考虑因素。另外，最好设计有对刀基准位置，方便对刀。

6）对于模具等小批量加工，尽可能使用组合夹具与可调夹具，避免采用专用夹具，以满足准备周期短、成本低的要求。目前数控机床的功能很强，不论是人工手动找正，还是利用三维接触式测头找正，都可以比较准确地设置加工坐标系原点，所以对夹具要求相应降低。

7）夹具的结构和夹紧力。数控机床一般是多工序集中加工。工件在一次装夹中既要完成粗加工工序，又要完成精加工工序。因此，夹具的结构就要能承受强力切削的作用力，对工件的夹紧力要大一些。但同时还要保证夹具的定位精度，以满足精加工时的要求。过大的夹紧力会使工件产生变形，尤其在精加工之前应充分考虑夹具对工件的夹紧变形，因此，在设计夹具时应慎重地选择夹具的定位点、支承受力点、夹紧点。

夹紧工件时，应尽量避免夹紧力加在薄壁区域或无支承区域。为了减小变形，夹具对工件的支承还可以采用一些特殊的方法，如在铣削较易变形的叶片时，由于数控加工时的切削力和薄板的弹性退让容易产生切削面的振颤，影响薄板厚度尺寸公差和表面粗糙度要求，为此在叶片的底部或背面可以考虑用橡胶作为充填，用以承受部分切削力。也可以事先加工出刚性比较好的辅助支承板，支承板的型面与叶片背部曲面正好吻合，以减小工件的变形。所以，在设计夹具时，除了保证主要支承点、定位点、夹紧点固定不变以外，还可以设计几处辅助支承点和夹紧点，并且使之能够移动，根据加工情况随时调整。

如果在夹具上采用任何方法都不能有效地控制零件变形，那么只能采取其他措施加以控制，如：调整工序，粗、精加工分开，选择恰当的粗、精加工余量，两道工序之间加时效或热处理工序消除内应力等。

第四节　走刀路线与加工参数

一、走刀路线

数控加工的工序确定以后，就要确定每道工序的走刀路线(或称加工路线)。走刀路线是指数控加工过程中刀具相对于工件的运动轨迹与方向。走刀路线的选择一般考虑确保加工质量、尽可能缩短走刀路线、有利于简化编程计算、有利于工艺处理及“少换刀”等原则。

寻求最短走刀路线与最佳进给方式，主要是大余量切除的走刀次数要少，每一次走刀应切除尽可能多的加工内容，尽量减少或缩短空行程等。

刀具的切入(安全距离)及其切出应按有关标准或推荐值选用，不应过长。如孔加工，在开始接近工件时，为了缩短加工时间，通常在刀具 Z 轴方向快速运动到离工件表面 2 ~5mm 处(称为安全高度)，然后以工作进给速度开始加工；车螺纹的切入量只要避开系统加速过渡过程的距离即可，一般取 2 ~5mm，不应过长。

图 3-13 所示为车削大余量走刀。数控机床由于动力与刚性都较大，对大余量的切除应取较大的背吃刀量以减少走刀次数。此例的外轮廓似阶梯状，球面为鼓形，故可用一把粗车刀用尽可能大的背吃刀量，以最少的走刀次数(图中为 4 次)完成粗加工，再用精车刀一次精车全部外表面。

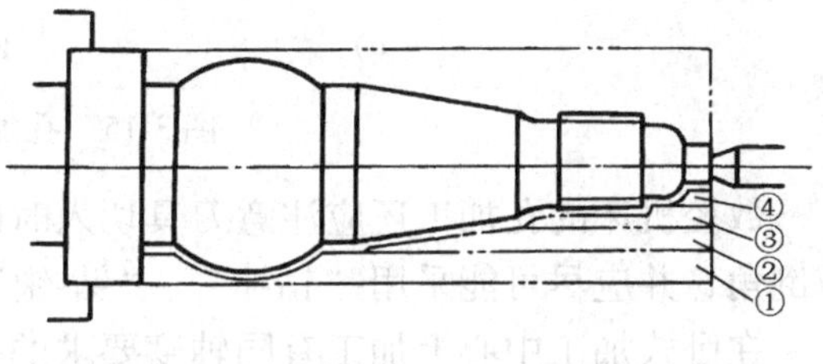

图 3-13　车削大余量走刀

图 3-14 所示为铣内槽走刀路线。图 3-14a用行切法，路线短，但工件轮廓周边有较大的残留余量；图 3-14b 为环切法，计算较复杂且路线较长；图 3-14c 用行切法粗铣，最后精铣内轮廓一周，既保证了加工质量，又使计算简单，路线也较图 3-14b 短，是较佳方案。

对于多孔零件的加工，既要寻求孔与孔之间空行程移位的最短总长度，又要避免反向间隙对尺寸精度的影响。对于位置精度要求较高的孔系加工，特别要注意孔的加工顺序的安排，安排不当时，就有可能将坐标轴的反向间隙带入，直接影响位置精度。如图 3-15 所示，图 3-15a 为零件图，在该零件上镗六个尺寸相同的孔，有两种加工路线。当按 3-

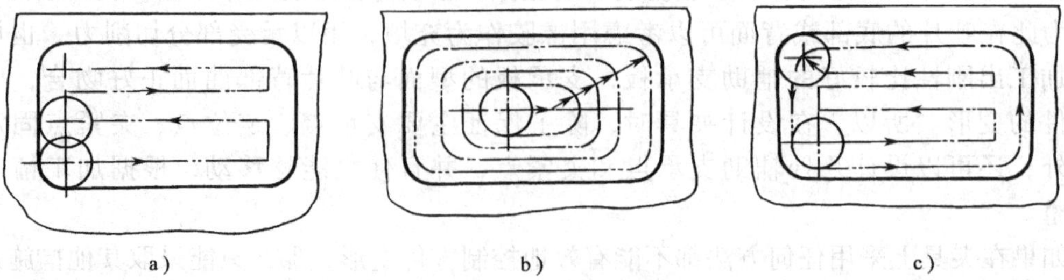

图 3-14 铣内槽走刀路线

15b 所示路线加工时，由于⑤、⑥孔与①、②、③、④孔定位方向相反，*Y* 方向反向间隙会使定位误差增加，而影响⑤、⑥孔与其他孔的位置精度。按图 3-15c 所示路线，加工完④孔后往上多移动一段距离到 *P* 点，然后再折回来加工⑤、⑥孔，这样方向一致，可避免反向间隙的引入，提高⑤、⑥孔与其他孔的位置精度。

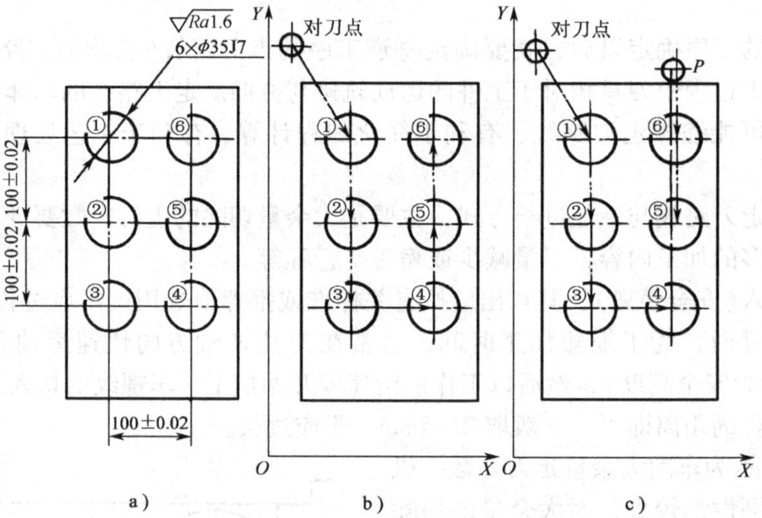

图 3-15 孔加工路线示意图

数控机床的孔加工还应注意刀具切入时的导向，如在实心孔加工前钻中心孔、攻螺纹前倒角，并应尽可能采用“钻-扩”、“钻-锪”、“扩-铰”等复合刀具。

在卧式加工中心上加工有同轴度要求的长距离孔，因其不具备普通镗床的尾架，但有定位精度高的回转工作台，除应将扩孔、铰孔改用镗孔外，还可采用调头镗方法。但应注意有若干孔系的箱体零件掉头镗时，每镗完同一轴线上的一端孔时，工作台回转 180°，并作相应的 *X* 向运动，使孔的轴心线返回与主轴中心线重合，再加工另一端的孔，以减少返回时间隙的影响，尽量减少同轴度误差。

二、切入点和切出点

在铣削平面零件时，应避免在零件垂直表面方向上下刀，这样会留下划痕，影响零件的表面粗糙度。另外，零件轮廓的最终加工应尽量保证一次连续完成，避免在进给中途停顿。因进给停顿时刀具仍继续运转，由于切削力的改变，会引起零件、夹具、机床系统的弹性变形，从而在停顿处留下凹痕。例如图 3-14b 所示的槽形零件加工时，应先把槽腔部分铣削掉并在轮廓方向留有一定余量，然后进行轮廓连续精加工，以保证零件表面粗糙度达到技术要求。

在数控加工时，用立铣刀的端刃和侧刃铣削平面轮廓零件时，为了避免在轮廓的切入和切出点由于弹性变形留下刀痕，要考虑切入点和切出点的程序处理。切入点和切出点一般选在零件轮廓两几何元素的交点处，沿轮廓外形的延长线切入和切出。延长线可由相切的圆弧和直线组成，这样可以保证加工出的零件轮廓形状平滑。

图 3-16 所示为内、外圆柱面用立铣刀侧面铣削的走刀路线。图 3-16a 所示为铣外圆轮廓，铣刀中心自起点 *A* 沿路径①至 *B* 点并继续沿路径②铣外轮廓一周，经路径③退离。其中 *AB* 与 *BC* 分别为切入外延长线段和切出外延长线段，以保证切入点与切出点的光滑；图 3-16b 所示为铣内圆轮廓，铣刀中心起点位于工件轮廓的中心线上，刀具中心沿路径①至 *A* 点，再顺次沿路径②、③（偏心圆）、④（工件轮廓）、⑤（偏心圆）、⑥、①回至起点。其中路径③、⑤分别为切入内延和切出内延的圆弧延长线。同理，对于非圆曲线平面轮廓的铣削（如平板凸轮等），同样要有切入及切出的延长曲线。

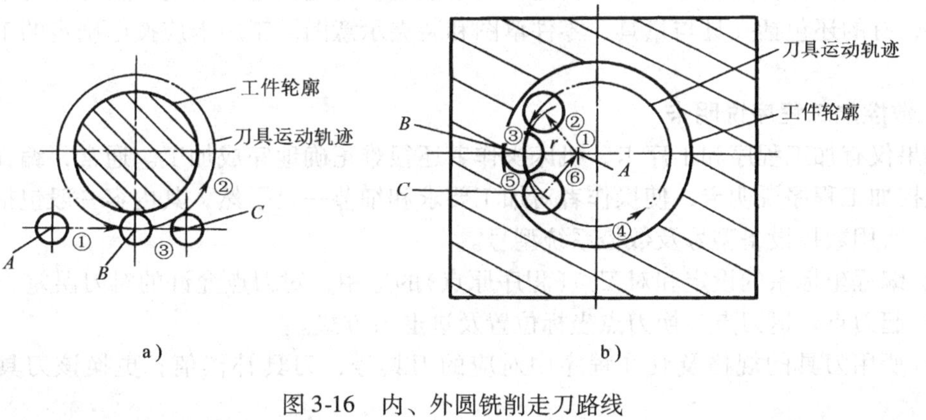

图 3-16　内、外圆铣削走刀路线

三、加工参数的选择

零件加工中每一道工序的数控编程，几乎都有切削参数问题。加工切削参数包括主轴转速、进给速度以及背吃刀量和切削宽度等。正确地选择切削用量，有利于提高切削效率，保证刀具的寿命和加工质量，降低加工成本。

数控加工中切削参数的确定原则与普通机床加工相同，即根据切削原理中规定的方法，以及机床的性能和规定的允许值、刀具的寿命等来选择和计算。但要注意数控机床的刚性强，热稳定性好，动力参数较高，并且使用先进的切削刀具，速度参数范围较大等特点。具体选用可根据生产经验或参考国内外有关数控加工切削用量表或切削用量手册。

编程人员应不断了解和适应新的工艺方法，在程序编制当中使用新的工艺参数。

第五节　数控加工工艺文件

数控加工工艺文件是与数控加工程序配套的相关技术文件，包括数控加工工序卡、工艺过程卡、数控加工程序说明卡、刀具调整卡和机床调整卡等，以使操作者明确程序的内容、工件安装与定位方式及各个加工部位所选用的刀具等其他问题，是操作者必须遵守、执行的规程，数控加工工艺文件相对比普通机床加工工艺文件复杂。在工序设计完成后即应将与加工有关的内容填入相应的卡片，作为生产技术准备的依据。

1. 工艺过程卡

工艺过程卡用来记录零件加工的工艺路线，一般按已确定的加工工序排列，包括工序号、工序内容和选用设备等，是工艺规程的总纲，用于指导、规范整个加工过程，对工序的说明不是很具体，主要是用于生产管理。

2. 数控加工工序卡

工序卡与程序单是数控加工主要的文件，是编制加工程序的工艺依据。工序卡内容包括工步与走刀的序号，加工用的机床型号，加工部位与尺寸，刀具的编号、形式、规格及刃长，刀具夹持件标准编号，主轴转速，进给速度，背吃刀量及切削宽度等。对于一些复杂零件，有的还包括夹具与量具、零件草图和装夹示意图。工序卡应按已确定的工步顺序填写。

3. 数控加工程序说明卡

如果仅有加工程序和工序卡，机床操作者还很难正确地完成加工。通常，编程员可以编制数控加工程序说明卡，使操作者对加工要求和细节一目了然，其内容一般包括：

1）所用数控设备型号及数控系统型号。

2）编程坐标系的设定和对刀点（程序原点）的选用，对刀点允许的对刀误差。

3）起刀点、退刀点、换刀点坐标位置及进退刀方式。

4）所用刀具的规格及其在程序中对应的刀具号，刀具补偿值，更换该刀具的程序段号。

5）有子程序调用时，说明子程序的功能和参数。

6）其他需特殊说明的问题，如中间测量用的计划停车程序段号等。

4. 刀具调整卡

刀具调整的顺序一般是这样的，首先，根据工艺分析和设计选择合适的刀具，然后编制加工程序，在编程的过程中产生刀具调整卡，在刀具调整卡中确定刀具号，工步号，刀柄型号，刀具型号，刀具尺寸、长度和半径的偏置号，甚至画出刀柄与刀具的特征图与预调尺寸。再根据刀具调整卡的排列顺序把刀具、刀柄、拉钉组装起来，做上顺序号标记。刀具调整卡是指导机外对刀、预置、调整或修改刀具尺寸的工艺性文件。

5. 机床调整卡

首件试切后还应制订机床调整卡。机床调整卡主要是控制面板上与速度、跳步、M01、冷却、补偿、镜像对称轴等有关的开关与调节旋钮的位置，以及零件装夹等内容的说明。

复习思考题

1. 试述数控加工工艺的特点。
2. 数控加工工艺处理有哪些内容?
3. 模具加工中哪些零件最适合在数控机床上加工?
4. 数控工艺路线设计中，应注意哪些问题?
5. 确定走刀路线时通常要考虑哪些问题?

第四章　数控加工编程基础

第一节　编 程 概 述

在普通机床上加工零件，通常把工艺过程编写在机械加工工艺卡上，操作者按工艺卡规定的“程序”加工零件。在自动机床上加工零件，通常是用凸轮与靠模进行控制，机床自动地按凸轮或靠模规定的“程序”进行加工。在数控机床上加工零件时，要把待加工零件的全部工艺过程、工艺参数以指令代码的形式记录在控制介质上，用控制介质上的信息来控制机床，实现零件的全部加工过程。从分析零件图样到获得机床所需的控制介质的全部过程，称为程序编制。程序编制可分为手工编程和自动编程两大类。

一、手工编程

手工编程基本由人工来完成数控机床程序编制的各个阶段的工作，当工件形状不十分复杂时可采用手工编程。手工编程的步骤和内容如下：

（1）分析零件图样　即分析零件的形状、尺寸、精度、材料以及毛坯形状及热处理要求等，以确定该零件是否适合在数控机床上加工，适合在哪种数控机床上加工，以及在某台数控机床上加工该零件的哪些工序或哪几个表面。

（2）确定工艺过程　在分析零件图样的基础上，确定零件的加工方法（如采用的夹具、装夹定位的方法等）和加工路线（包括对刀点、切削路线等），确定加工刀具并确定切削用量等工艺参数。

（3）选用和设计夹具　数控机床所用夹具大多是通用的，因此，在大多数情况下只是选用。对专用的夹具，编程人员可提出要求，由工艺人员或编程人员自己设计。

（4）数值计算　根据零件图样和所确定的加工路线，计算出数控机床所需输入的数据。数值计算的复杂程度取决于零件的复杂程度和数控系统的功能。对于简单形状的零件（如直线和圆弧组成的平面零件），往往无需数值计算，或只需经过简单的换算就能满足要求。当零件形状比较复杂，并与数控系统的插补功能不一致时，就需要进行复杂的数值计算。这种情况下，通常要借助计算机来完成数值计算工作。

（5）编写程序单　根据计算出的加工路线数据和已确定的切削用量，结合数控系统对输入信息的要求，编写零件加工程序单。

（6）程序输入　通常采用键盘直接输入。旧式机床有可能要先制作穿孔纸带，再通过纸带阅读机将程序输入数控系统。

（7）校对检查程序　检查由于计算和编写程序单造成的错误等。

（8）试加工　程序校验结束后，必须在机床上试加工。如果加工出来的零件不合格，需修改程序再试，直到加工出满足图样要求的零件为止。

二、自动编程

在加工形状复杂，特别是涉及三坐标的立体形状的工件时，刀具运动轨迹的计算是非常繁琐的，通常采用计算机自动编制加工程序，这种编程方式称为自动编程。按编程系统与数控系统的关系，自动编程可分为离线程序编制（脱开数控系统，由单独的程序自动编制系统进行编程）与在线程序编制（数控系统与程序自动编制系统连接在一起）两种方式。离线程序编制可为数台数控机床进行加工程序编制，一般有较多的编程功能，编程不占用机床工作时间。在线程序编制是把离线编程机的许多功能移植到数控系统中。显而易见，自动编程具有劳动强度低、编程时间短、程序精度高的优点。

自动编程的方法有语言编程、图形编程及其他方法编程。随着科学技术特别是计算机技术的发展，自动编程的方法不断地改进完善。自第一台数控机床问世不久，1952 年美国麻省理工学院即开始研究自动编程的语言系统 APT（Automatically Programmed Tools）。APT 语言系统由 APT-1、APT-2 发展到可解决三维编程 APT-Ⅲ系统后，20 世纪 80 年代进一步发展为 APT/SS 系统，具有定义和加工复杂雕塑曲面的功能。

APT 语言系统是世界上发展最早的编程语言，其语言词汇丰富，定义的几何类型多，加工的功能齐全，并配有一千多个后置处理程序，在各国得到广泛的应用。但该系统庞大，需大型计算机，费用昂贵。因此，各国相继研究出了针对性较强的各具不同特点的编程系统，如美国的 ADAPT、AUTOSPOT，德国的 EXAPT-1（点位）、EXAPT-2（车削）、EXAPT-3（点位、轮廓），日本的 FAPT、HAPT 等数控自动编程语言系统。

我国自 20 世纪 50 年代末即开始研究数控机床。20 世纪 60 年代中期开始了数控自动编程方面的研究工作。20 世纪 70 年代已研制出了 SKC、ZCK、CKY 等具有平面轮廓铣削加工、车削加工等功能的数控自动编程系统。后又研制出具有解决复杂曲面编程功能的数控编程系统 CAM-251 等多功能的语言系统。随着计算机技术的发展，微机数控自动编程系统以其较高的性能价格比迅速发展起来，相继推出了 EAPT、HZAPT 等微机数控自动编程系统。

图形交互式自动编程是一种计算机辅助编程技术，它是通过专用的计算机软件来实现的。这种软件通常以机械计算机辅助设计（CAD）软件为基础，利用 CAD 软件的图形编辑功能，将零件的几何图形绘制到计算机上，形成零件的图形文件；然后调用数控编程模块，采用人机交互的方式在计算机屏幕上指定工件的被加工部位，再输入相应的加工工艺参数，计算机便可自动进行必要的数据处理并编制出数控加工程序，同时在计算机屏幕上动态地显示出刀具的加工轨迹。显然，这种编程方式具有速度快、精度高、直观性好、使用简便、便于检查等优点。因此，图形交互式自动编程已经成为目前国内外先进的集成化 CAD/CAM（计算机辅助设计与制造）软件所普遍采用的数控编程方法。

图形交互式自动编程是一种全新的编程方法，与手工编程及 APT 语言编程比较，有以下几个特点：

1）这种编程方法既不像手工编程那样需要有复杂的数学计算算出各节点的坐标数据，也不需要像 APT 语言编程那样，用数控编程语言去编写描绘零件几何形状、加工走刀过程及后置处理的源程序，而是在计算机上直接面向零件的几何图形以光标指点、菜单选择及交互对话的方式进行编程，其编程结果也以图形的方式显示在计算机上。所以该方法具有简便、直观、准确、便于检查的优点。

2）通常，图形交互式自动编程软件和相应的CAD软件是有机地连在一起的一体化软件系统，既可用来进行计算机辅助设计，又可以直接调用设计好的零件图进行交互编程，对实现CAD/CAM一体化极为有利。

3）这种编程方法的整个编程过程是交互进行的，而不是像APT语言编程那样，事先用数控语言编好源程序，然后由计算机以批处理的方式进行，生成数控加工程序。这种交互式的编程方法简单易学，在编程过程中可以随时发现问题进行修改。

4）编程过程中，图形数据的提取、节点数据的计算、程序的编制及输出都是由计算机自动进行的，因此，编程的速度快、效率高、准确性好。

5）此类软件都是在通用计算机上运行的，不需要专用的编程机，所以非常便于普及推广。

基于上述特点，可以说图形交互式自动编程是一种先进的自动编程技术，是自动编程软件的发展方向。目前，国内外先进的数控自动编程软件均普遍采用了这种编程技术，如MasterCAM、Cimatron等。有关MasterCAM的自动编程技术将在后面的章节中介绍。

第二节 数控程序指令代码及格式

数控机床经过几十年的不断实践与发展，在数控编程中所使用的输入代码、准备功能和辅助功能的代码，以及程序格式等方面已逐步趋向统一，并已制定出了一系列的标准，这对数控机床的设计、制造、维护、使用以及推广都带来了便利。我国在这方面基本沿用ISO标准，也已制定了相应的标准。但必须注意，目前国内外各式各样的数控机床所使用的标准尚未完全统一，有关指令及其含义不尽相同，编程时必须严格遵守具体机床使用说明书中的规定。

一、ISO与EIA指令代码

在数控机床加工程序的输入中，穿孔带是早期应用较广的输入介质，目前已较为少见，但是，关于代码的规定，基本上仍和过去相同。在纸带上利用穿孔的方式记录零件加工程序的指令，国际上及我国广泛使用八单位的穿孔纸带，其编码国际上通用ISO（国际标准化协会）或EIA（美国电子工业协会）标准。两种代码的纸带规格按照EIARS-227标准制定。

ISO标准代码为七位二进制数，最多可得到$2^7=128$个字符；而EIA代码为六位二进制数，最多得到$2^6=64$个字符，所以ISO代码数比EIA代码多一位。ISO代码规律性强，对读带及数控系统的设计都带来方便。

国际上大都采用ISO代码，由于EIA代码发展较早，已有的数控机床中，有一些是应用EIA代码的。现在我国规定新产品一律采用ISO代码，也有一些机床具有两套译码功能，既可采用ISO代码也可采用EIA代码。

二、坐标轴及运动方向的规定

在编制零件的加工程序时，必须把零件放入一个坐标系中，只有这样才能描述零件的轨迹和尺寸，并编制出合乎要求的程序。为了便于编程时描述机床的运动，简化程序的编制及保证程序的通用性，数控机床的坐标和运动方向的规定均已标准化。国际标准化组织以及一些工业发达的国家都先后制定了数控机床坐标和运动命名的标准，其中规定的命名原则如下：

1）刀具相对于静止的工件而运动的原则：这一原则使编程人员能在不知道是刀具移近工件还是工件移近刀具的情况下，就可以依据零件图样，确定机床的加工过程。

2）标准坐标系的规定：为了确定机床上成形运动和辅助运动，必须先确定机床上运动的方向和运动的距离，这就需要一个坐标系才能实现，这个坐标系就称为标准坐标系。

1. 标准坐标系的规定

数控机床的标准坐标系是一个右手笛卡儿直角坐标系，如图4-1所示。图中规定了 *X*、*Y*、*Z* 三个直角坐标轴的方向，这个坐标系的各个坐标轴与机床的主要导轨相平行。根据右手螺旋方法，可以很方便地确定出 *A*、*B*、*C* 三个旋转坐标的方向。

2. 坐标轴与方向的确定

标准坐标系 *XYZ* 是刀具相对于工件运动的坐标系，故又称为刀具运动坐标系，其正方向规定为增大刀具与工件之间距离的方向。

（1）*Z* 轴　*Z* 轴一般由传递切削动力的主轴确定，与主轴轴线平行的标准坐标轴即为 *Z* 轴，取刀具远离工件的方向为正方向。

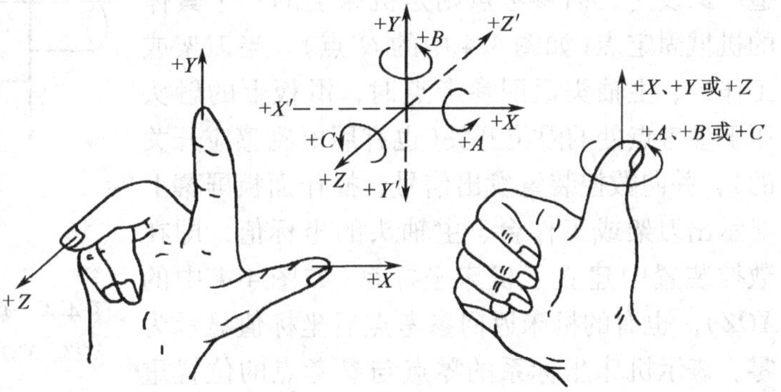

图4-1　右手笛卡儿直角坐标系

（2）*X* 轴　*X* 轴是水平的，它平行于工件装夹面。在工件旋转的机床（如车床）上，取平行于横向滑座的方向（工件径向）为 *X* 轴，取刀具离开工件旋转轴线的方向为正方向。在刀具旋转的机床（如铣床）上，若 *Z* 轴是垂直的，对于单立柱机床，由主轴向立柱看，右手方向为 *X* 轴正方向；若 *Z* 轴是水平的，则由主轴后端向工件看，右手方向为 *X* 轴正方向。

（3）*Y* 轴　根据 *X* 轴和 *Z* 轴，用右手定则确定 *Y* 轴。

（4）旋转运动　在图4-1中，*A*、*B*、*C* 相应地表示其轴线平行于 *X*、*Y*、*Z* 轴的旋转运动。*A*、*B*、*C* 的正方向为在 *X*、*Y*、*Z* 轴正方向上，按右手螺旋前进的方向确定。

（5）标准坐标系的原点及附加坐标　标准坐标系的原点位置是任意选择的。*A*、*B*、*C* 的运动原点（0°的位置）也是任意的，但 *A*、*B*、*C* 原点的位置最好选择与 *X*、*Y*、*Z* 轴平行。

（6）工件运动坐标系　对于工件运动而刀具不动的机床，工件相对于刀具所作的运动坐标系以 $X'Y'Z'$ 表示，且有：$+X' = -X$，$+Y' = -Y$，$+Z' = -Z$。

（7）主轴旋转运动的顺、逆时针方向　主轴顺时针旋转方向是按右手螺旋进入工件的方向来确定的。

图4-2、图4-3分别是数控车床、数控铣床的坐标系。

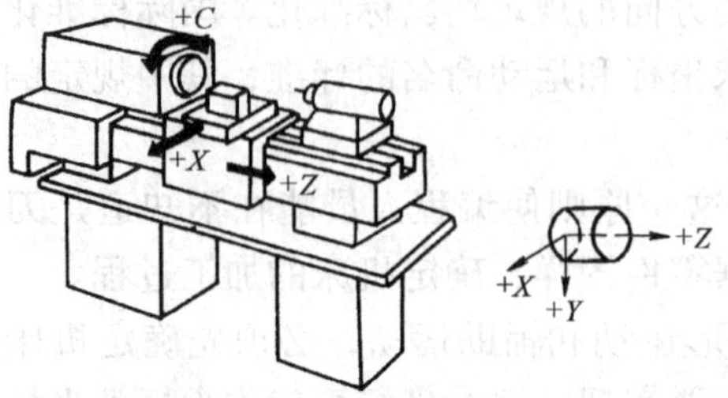

图 4-2　数控车床的坐标系

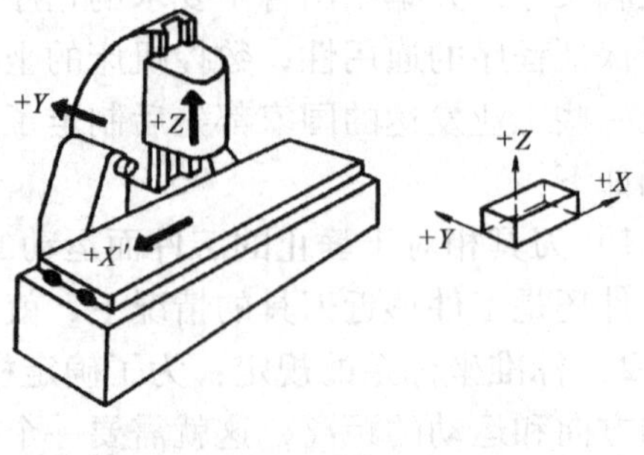

图 4-3　数控铣床的坐标系

3. 机床坐标系

机床坐标系的零点（即机床原点，如图 4-4 中的 O 点）是机床上的一个固定点，由机床的制造厂家设定，而参考点则是机床上的一个具体的机械固定点（如图 4-4 中的 O' 点）。当刀架或工作台、主轴头返回参考点时，滑板上的触头压下参考点处的限位开关（也有用电磁感应开关的），并向数控装置发出信号，操作面板屏幕上显示出刀架或工作台、主轴头的坐标值，即在数控装置中建立了机床坐标系（如图 4-4 中的 XOZ）。也有的机床返回参考点后坐标值显示为零，表示机床坐标系的零点与参考点的位置重合（如图 4-4 中的 $X'O'Z'$）。

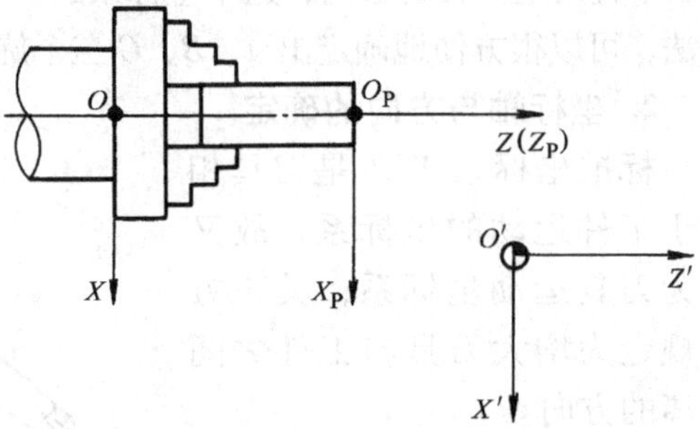

图 4-4　数控车床的机床坐标系和工件坐标系

XOZ、$X'O'Z'$—机床坐标系　$X_PO_PZ_P$—工件坐标系

4. 工件坐标系

工件坐标系是用于确定工件上几何要素及走刀路线的编程坐标系，其零点就是工件原点（又称程序原点），它的位置是任意的。工件坐标系是建立在机床坐标系的基础上，与机床坐标系平行，由编程人员根据工艺需要设置的。一般选择设计基准作为工件坐标系的零点，如车削零件的端面中心（如图 4-4 中的 O_P）、铣削零件的边角、对称图形的中心等。在操作中，一般通过对刀、设置坐标值来设定工件原点，即设定工件坐标系。

三、指令代码

一个完整的数控程序由若干程序段组成，而每个程序段又由一个或若干个字组成，每个字表示一种功能，由字母开头，后接数字数据和符号。ISO 标准规定的地址字母含义见表 4-1。

表 4-1　地址字母含义

符　号	含　义	符　号	含　义
A	绕 X 轴的旋转坐标	J	圆心相对于圆弧起点的 Y 坐标
B	绕 Y 轴的旋转坐标	K	圆心相对于圆弧起点的 Z 坐标
C	绕 Z 轴的旋转坐标	M	辅助功能
F	进给速度功能	N	程序段号
G	准备功能	S	主轴速度功能
I	圆心相对于圆弧起点的 X 坐标	T	刀具功能

（续）

符　号	含　义	符　号	含　义
U	*X* 轴增量值坐标	X	*X* 轴坐标
V	*Y* 轴增量值坐标	Y	*Y* 轴坐标
W	*Z* 轴增量值坐标	Z	*Z* 轴坐标

在数控程序编制中，使用 G 代码、M 代码及 F、S、T 代码，来描述加工工艺过程和数控机床的运动特征。

1. 准备功能

准备功能又称 G 功能、G 代码或 G 指令，用来规定刀具和工件的相对运动轨迹(即指令插补功能)、坐标系、坐标平面、刀具补偿、坐标偏置等多种加工操作。ISO 标准中规定：G 代码由地址 G 及其后面的两位数字组成，从 G00 到 G99 共有 100 种代码。G 代码有模态和非模态之分。模态代码一经指定就一直有效，直到被同组代码取代(只有同组代码才可相互取代)为止，或被 M02、M30 或紧急停止、按“复位”键撤消。非模态代码只在该代码所在的程序段中有效，在下一程序段则自动取消。

不同的数控机床，由于采用的数控系统的差别或机床工艺类别的不同，有些功能指令的定义会有一些差别，但其基本编程方法是相似的。本书以 FANUC 系统为例介绍数控编程方面的内容。表 4-2 为 FANUC 数控铣床系统的常用准备功能。

表 4-2　常用准备功能

代码	组别	功　能	代码	组别	功　能
G00*	01	快速点定位	G40*	07	撤消刀具半径补偿
G01		直线插补	G41		左边刀具半径补偿
G02		顺时针圆弧插补	G42		右边刀具半径补偿
G03		逆时针圆弧插补	G43	08	刀具长度正补偿
G04	00	暂停	G44		刀具长度负补偿
G10		设置工件坐标系原点偏移量	G49*		撤消刀具长度补偿
G11		撤消工件坐标系原点偏移量	G45	00	增加一个刀具偏置量
G15*	17	极坐标指令撤消	G46		减少一个刀具偏置量
G16		极坐标指令	G47		增加两个刀具偏置量
G17*	02	选择 *XY* 平面	G48		减少两个刀具偏置量
G18		选择 *XZ* 平面	G52		设置局部坐标系
G19		选择 *YZ* 平面	G53		选择机床坐标系
G20	06	英制编程	G54	14	选择工件坐标系 1
G21*		米制编程	G55		选择工件坐标系 2
G27	00	返回参考点校验	G56		选择工件坐标系 3
G28		返回参考点	G57		选择工件坐标系 4
G29		从参考点返回	G58		选择工件坐标系 5
G30		返回第二参考点	G59		选择工件坐标系 6
G33	01	螺纹切削	G63	15	攻螺纹模式
G39	00	拐角圆弧过渡插补	G64*		切削加工模式

（续）

代码	组别	功 能	代码	组别	功 能
G68	16	坐标系旋转	G88	09	镗孔循环
G69*		坐标系旋转撤消	G89		镗孔循环
G73	09	高速深孔钻循环	G90*	03	绝对坐标编程
G74		攻左旋螺纹循环	G91		增量坐标编程
G76		精镗循环	G92	00	设置工件坐标系原点、限定主轴最高转速
G80*		撤消循环			
G81		定点钻孔循环	G94*	05	进给速度按每分钟设定
G82		钻、镗孔循环	G95		进给速度按每转设定
G83		深孔钻循环	G96	13	恒线速度切削
G84		攻螺纹循环	G97*		撤消恒速切削
G85		镗孔循环	G98*	10	返回初始点平面
G86		镗孔循环	G99		返回切削开始点平面
G87		反镗循环			

注：1. 00组的代码为非模态代码，其他均为模态代码。

2. 标有*号的G代码，表示在系统通电后，或执行过M02、M30，或在紧急停止，按“复位”键后系统所处于的工作状态，即系统原始工作状态。

3. 若不相容的同组G代码被编在同一程序段中，则系统认为最后的那个G代码有效。

4. 本表为数控铣床和加工中心系统的代码，数控车床系统的代码有些差异。

2. 辅助功能

辅助功能又称M功能、M代码或M指令，它用于指定机床工作时的各种辅助动作及状态，如主轴的转、停，切削液的开、关，转位部件的夹紧、松开等。常用辅助功能见表4-3。

表4-3 常用辅助功能

代码	功 能	代码	功 能
M00	程序暂停	M08	切削液开
M01	程序条件停止	M09	切削液关
M02	程序结束，主轴停止	M13	主轴正转，切削液开
M03	主轴正转	M14	主轴反转，切削液开
M04	主轴反转	M30	程序结束，主轴停止，复位
M05	主轴停止	M98	调用子程序
M06	换刀	M99	子程序结束

3. F功能

F功能用于指定进给速度，单位是mm/r或mm/min。F值经指定后一直有效，直到新的F值取代为止。G00执行的是系统设置的速度，但不会撤消前面所编的F值。

4. S功能

S功能用于指定主轴转速，单位是r/min，当设定恒速切削时，单位是m/min。

5. T 功能

T 功能用于指定刀具号。在数控车床中用于指定刀具号及刀补号，进行自动换刀，如 T0101，前面的 01 为刀具号，后面的 01 为刀补号。

6. D 功能

D 功能表示刀具半径补偿量的存储器地址代码，如 D12 表示刀补取值为第 12 号存储器中的参数。

7. H 功能

H 功能表示刀具长度补偿量的存储器地址代码，用法同 D 功能。

四、程序结构与格式

1. 程序结构

一个完整的程序由程序号及组成程序主体内容的程序段组成。下面是一个简单的例子：

```
O1000;                              程序号
N10 S500 M03 T01 D01;      ┐
N20 G00 X10. Y20. Z3.;     │
N30 G01 Z-2. F60;          │
N40 G01 X30. Y40.;         │
……                         ├  程序主体
N100 G00 Z50.;             │
N110 G00 X100. Y100.;      │
N120 M02;                  ┘
```

程序号相当于程序名，是存储、调用程序的标识，位于程序的开始，由字母 O 后接 4 个数字组成。每个程序都应有一个程序号，以便管理与调用，若默认程序号，则系统将默认程序第一句的程序段号为程序号。当然，从操作面板上直接输入程序是不会遇到这种情况的。

程序主体由若干程序段组成，程序最后以 M02 或 M30 表示结束。

2. 程序段格式

用米制坐标值编程的基本格式为：

N__ G__ X__ Y__ Z__ F__ S__ T__ M__;

说明：N__——程序段号，由字母 N 后接 1 ~5 位数字，表示程序段的先后次序；

G、F、S、T、M——功能字；

X、Y、Z——*X*、*Y*、*Z* 坐标，系统允许坐标值整数部分最多可有 5 位，小数部分 3 位，即 -99999.999 ~ +99999.999mm。但机床的工作台及行程不可能有这么大，编程时必须仔细了解机床参数，不要超出其范围。还应注意：坐标值若是整数形式，其单位为 μm；若是小数形式，则其单位为 mm。

其他坐标还有：*U*、*V*、*W*(*X*、*Y*、*Z* 增量坐标)，*A*、*B*、*C*(绕轴线平行于 *X*、*Y*、*Z* 轴旋转的转角)，*I*、*J*、*K*(圆心的 *X*、*Y*、*Z* 坐标)，*R*(圆弧半径)，数值规定同上。

程序段以分号(;)结束，若不写分号则该程序段将连续到下一程序段。

第三节　数控车床编程基础

一、数控车床的坐标系统

数控车床的机床坐标系和工件坐标系如图4-4所示。机床坐标系的Z轴与主轴轴线重合或者平行，正方向是离开卡盘指向尾座的方向；X轴在水平面上，与Z轴垂直，正方向为刀架离开主轴轴线的方向。工件坐标系要根据工艺需要选取，一般Z轴与主轴轴线重合，X轴常取在工件的端面处。大多数系统的X坐标值以直径值表示，亦可改变机器参数用半径值表示。

需注意的是X轴的指向，由于刀架位置的不同，X轴的正向就会不同，如图4-5所示。

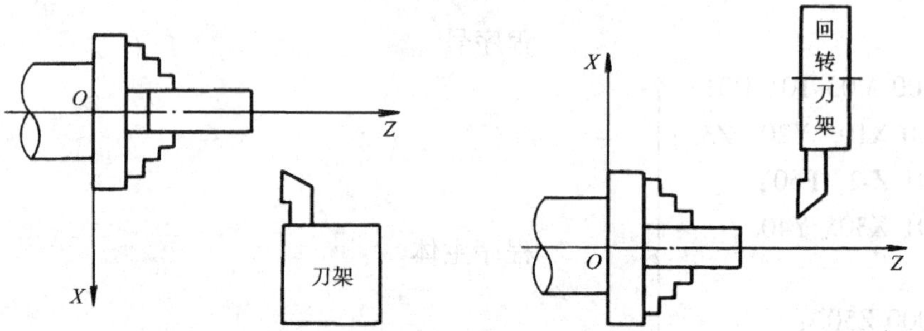

图4-5　刀架位置与X轴正向的关系

二、编程基础

表4-2为FANUC数控铣床系统的G代码，车床系统的G代码有些不同，主要差别见表4-4。

表4-4　车床系统不同于铣床系统的常用G代码

代码	组别	功　能	代码	组别	功　能
G32	01	螺纹切削	G75	00	割槽循环
G50	00	设置工件坐标系原点、限定主轴最高转速	G76		螺纹切削组合循环
G70		精车循环	G90	01	外圆切削循环
G71		外圆粗车循环	G92		螺纹切削循环
G72		端面粗车循环	G94		端面切削循环
G73		固定方式粗车循环	G98	05	进给速度按每分钟设定
G74		钻孔循环	G99 *		进给速度按每转设定

注：1. 本表所示为FANUC车床系统的G代码，与其他系统有些差别。其余注解同表4-2。

2. FANUC车床系统中用X、Z表示按绝对坐标编程；用U、W表示按增量坐标编程。

1. 快速点定位

格式：G00　X(U)__　Z(W)__；

X、Z：定位点的绝对坐标。亦可用 U、W 按增量坐标编程(下同,不再特别指出)。

说明：

1）X、U 坐标采用直径值编程(下同,不再特别指出)。

2）G00 是以机器参数设定的快速进给速度执行的，程序中的 F 值对它不起作用。

3）每个轴的快速进给速度是独立的，两轴同时移动时，运动轨迹不受控制。有的系统在执行 G00 时，刀架先沿 *X* 向快速移动，然后再沿 *Z* 向快速移动到定位点。

2. 直线插补

格式：G01　X__　Z__　F__；

X、Z：目标点绝对坐标。

F：进给速度，单位 mm/r。

说明：执行 G01 时，刀架以给定的 F 值作直线运动。当两轴同时运行时，其运动轨迹是起点和终点之间的直线。

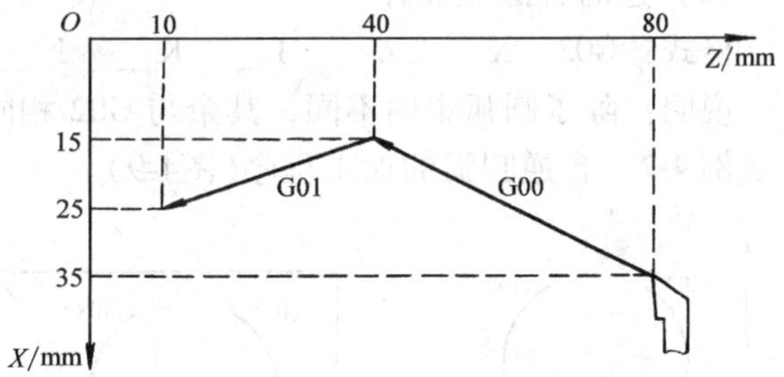

图 4-6　快速点定位与直线插补

例 4-1　由起点快速移动到定位点，再以进给量 0.3mm/r 直线进给至目标点(图 4-6)。

N10 G00 X30.0 Z40.0；

N20 G01 X50.0 Z10.0 F0.3；

亦可写成：N10 G00 U－40.0 W－40.0；(或 G00 X30.0 W－40.0；等)

N20 G01 U20.0 W－30.0 F0.3；(或 G01 U20.0 Z10.0 F0.3；等)

3. 倒角

45°倒角格式：G01　X__　K__；或 G01　Z__　I__；

圆弧倒角格式：G01　X__　R__；或 G01　Z__　R__；

X、Z：倒角处的终点绝对坐标。

I、K：倒角大小。数值有正负之分，如图 4-7a、图 4-7b 所示。

R：倒角圆弧半径。数值有正负之分，如图 4-7c、图 4-7d 所示。

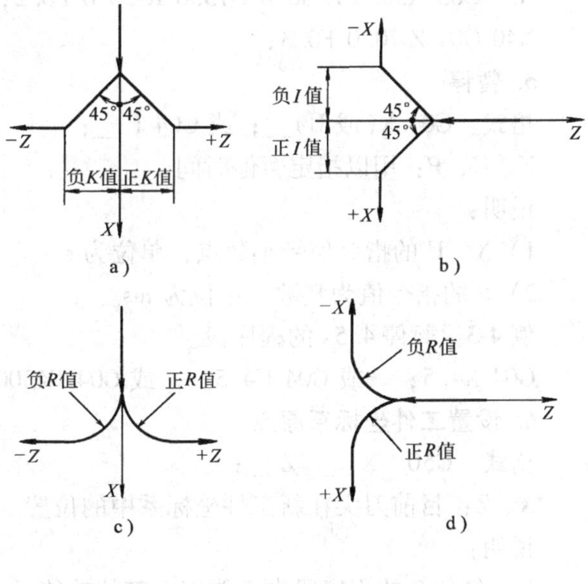

图 4-7　倒角

a) G01　X__　K__；　b) G01　Z__　I__；

c) G01　X__　R__；　d) G01　Z__　R__；

4. 圆弧插补

圆弧插补有顺时针(G02)和逆时针(G03)之分。判断圆弧的顺、逆向，应对着 *Y* 轴正向看过去，如图 4-8 所示。

(1) 顺时针圆弧插补

格式：G02　X__　Z__　I__　K__　F__；或 G02　X__　Z__

R__ F__;

X、Z：圆弧终点绝对坐标。

I、K：圆心相对于圆弧起点的 *X*、*Z* 坐标。

R：圆弧半径。

说明：

1）I、K 为增量值，I 值采用半径值，与坐标轴的方向不一致时取负值。

2）I、K 必须带符号编程，“+”号可不写，即使 I、K 值为 0，也必须编入。

3）可以直接编过象限圆。

（2）逆时针圆弧插补

格式：G03　X__　Z__　I__　K__　F__；或 G03　X__　Z__　R__　F__；

说明：除了圆弧走向不同，其余与 G02 相同。

例 4-2　含逆圆弧的加工程序（图4-9）。

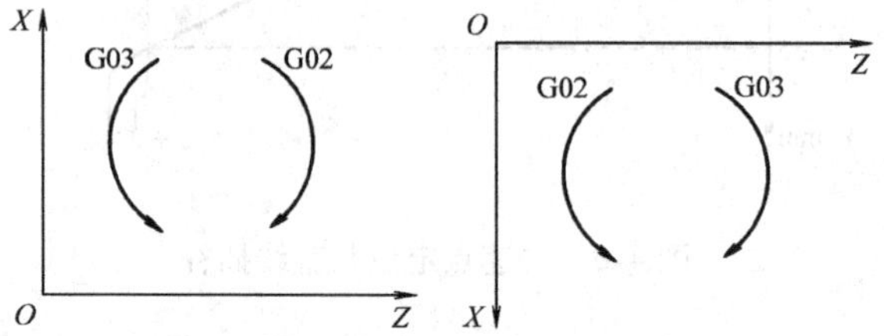

图 4-8　圆弧插补的顺、逆走向

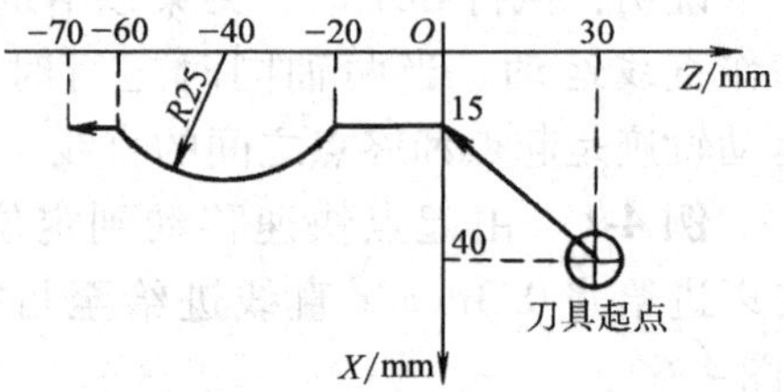

图 4-9　圆弧的加工

N10 G00 X30.0 Z0；

N20 G01 Z-20.0 F0.3；

N30 G03 X30.0 Z-60.0 I-15.0 K-20.0 F0.2；（或 G03 X30.0 Z-60.0 R25.0 F0.2；）

N40 G01 Z-70.0 F0.3；

5. 暂停

格式：G04 X（或 U）__；或 G04 P__；

X、U、P：用以指定暂停时间。

说明：

1）X、U 的指令值带小数点，单位为 s。

2）P 的指令值为整数，单位为 ms。

例 4-3　暂停 4.5s 的程序段。

G04 X4.5；　或 G04 U4.5；或 G04 P4500；

6. 设置工件坐标系原点

格式：G50　X__　Z__；

X、Z：目前刀尖在新工件坐标系中的位置。

说明：

1）在 G50 的程序段中不能编入其他功能。

2）执行 G50 时，刀架不移动，而系统则将后面程序段中的坐标值作为新坐标中的坐标值。

3）如果在刀具补偿指令起作用的情况下执行 G50 指令，则所设置的坐标值将被补偿值修正。

例 4-4　将例 4-2 的工件坐标系原点设在 X80.0 Z30.0 的等效程序。

N10 G50 X0 Z0；
N20 G00 X-50.0 Z-30.0；
N30 G01 Z-50.0 F0.3；
N40 G03 X-50.0 Z-90.0 I-15.0 K-20.0 F0.2；（或 G03 U0 W-40.0 R25.0 F0.2；）
N50 G01 Z-100.0 F0.3；

7. 限定主轴最高转速

格式：G50　S __；

S：用于设置主轴最高转速。用恒线速度切削端面时，在刀具向中心进给过程中转速将越来越高，为防止出现意外，需限制主轴的最高转速。

8. 螺纹切削

（1）单刀车削螺纹

格式：G32　X __　Z __　F __；（单刀车削圆柱螺纹格式为：G32　Z __　F __；）

X、Z：螺纹终点的绝对坐标。

F：螺纹的导程。

说明：G32 为单刀车削螺纹指令，故在加工时需多次走刀。每次进刀后，切削起始点的 *Z* 坐标应相同，且车削行程最好是导程的整数倍，以免螺纹乱扣。

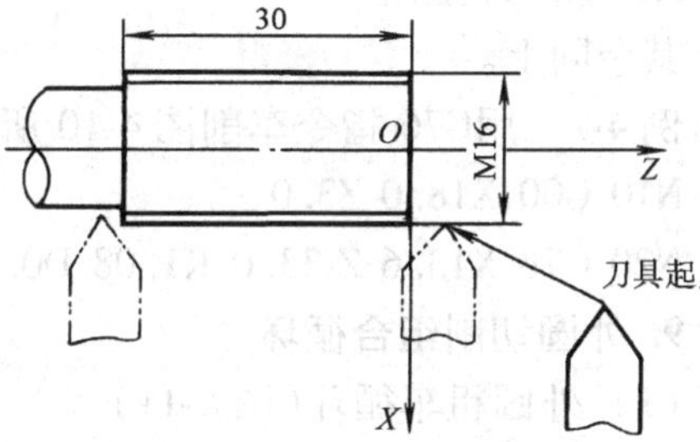

图 4-10　螺纹切削

例 4-5　车削 M16（螺距为 2mm）的螺纹，长度为 30mm，外圆已车至 ϕ15.6mm（图 4-10）。

N10 G00 X15.2 Z3.0；	进刀，*Z* 坐标为 3
N20 G32 Z-33.0 F2.0；	车螺纹
N30 G00 X18.0；	径向退刀
N40 Z3.0；	轴向退刀至 *Z*3
N50 X14.8；	进刀，此时的 *Z* 坐标为 3
N60 G32 Z-33.0 F2.0；	车螺纹
N70 G00 X18.0；	径向退刀
N80 Z3.0；	轴向退刀至 *Z*3
……	
N170 G00 X13.6；	进刀
N180 G32 Z-33.0 F2.0；	车螺纹
N190 G00 X50.0；	径向退刀
N200 G00 Z50.0；	轴向退刀

（2）螺纹切削循环

格式：G92　X __　Z __　I __　F __；

I：锥螺纹终点与始点的高度差(半径值)。圆柱螺纹的I值为0，可省略。
其余同上。

例4-6 用G92指令车削图4-10所示的螺纹。

N10 G00 X18.0 Z3.0；	进刀至循环起点
N20 G92 X15.2 Z-33.0 F2.0；	第一次车螺纹循环
N30 X14.8；	第二次车螺纹循环
N40 X14.4；	第三次车螺纹循环
N50 X14.0；	第四次车螺纹循环
N60 X13.6；	第五次车螺纹循环
N70 G00 X50.0 Z50.0；	退刀

(3) 螺纹切削组合循环
格式：G76 X__ Z__ I__ K__ D__ F__ A__；
K：螺纹高度(半径值)。
D：第一次进刀的背吃刀量(半径值)。
A：螺纹牙型角。
其余同上。

例4-7 用G76指令车削图4-10所示的螺纹。
N10 G00 X18.0 Z3.0；
N20 G76 X13.6 Z-33.0 K1.08 D0.3 F2.0 A60.0；

9. 外圆切削组合循环

(1) 外圆粗车循环(图4-11)

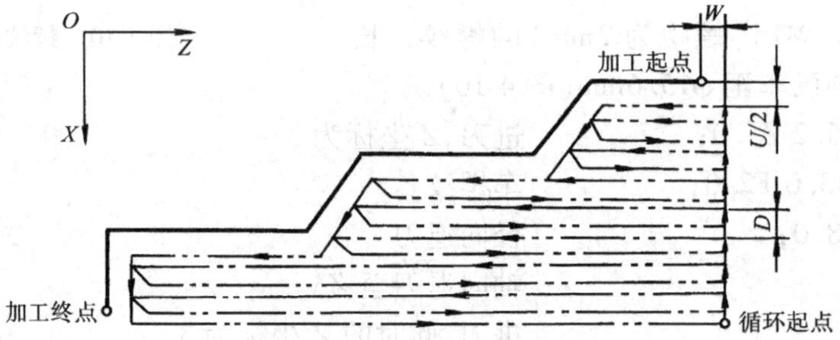

图4-11 外圆粗车循环

格式：G71 P__ Q__ U__ W__ D__ F__ S__；
P、Q：粗车循环起始及最终程序段号。
U、W：*X*、*Z*向的精加工余量，其中U用直径值编程。
D：背吃刀量(半径值)。
F、S：循环切削的进给量与主轴转速。

(2) 固定方式粗车循环(图4-12)
格式：G73 P__ Q__ I__ K__ U__ W__ D__ F__ S__；
I、K：*X*、*Z*向的退刀量，I值采用半径值。

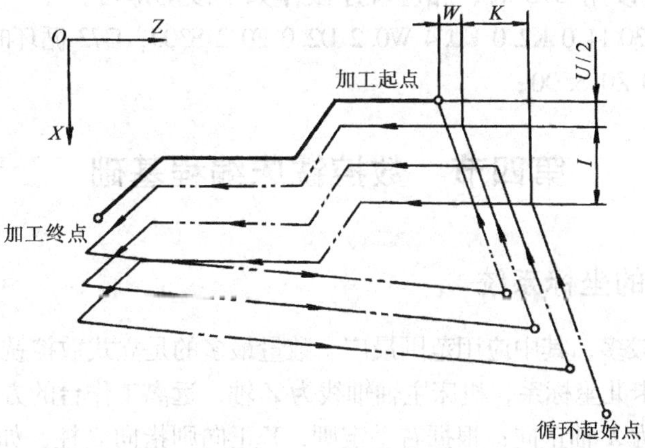

图 4-12　固定方式粗车循环

其余同上。

（3）精车循环

格式：G70 P __　Q __；

P、Q：精车循环起始及最终程序段号。

说明：G71、G73 循环切削的进给速度与主轴转速优先采用 G71、G73 程序段中 F、S 值；而 G70 则优先采用 P、Q 之间循环程序段中 F、S 值。

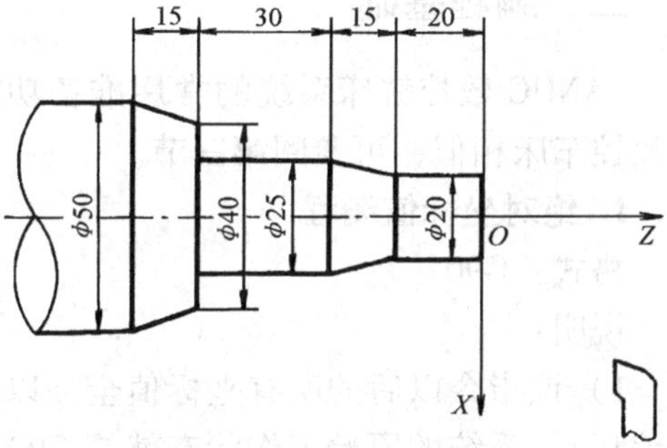

图 4-13　车削外圆循环

例 4-8　坯料直径 φ50mm，粗加工背吃刀量为 2mm，进给量为 0.2mm/r，精加工的余量为 0.2mm，进给量为 0.1mm/r，车削零件形状如图 4-13 所示。

N010 S300 M03 T0101；	1 号刀为端面刀
N020 G00 X55.0 Z0；	
N030 G01 X0 F0.2；	
N040 G00 X100.0 Z100.0；	
N050 T0202；	2 号刀为 90°偏刀
N060 G00 X55.0 Z1.0；	粗车循环起点
N070 G71 P80 Q130 U0.4 W0.2 D2.0 F0.2 S300；	G71 循环时，S300、F0.2
N080 G00 X20.0 Z1.0 S500；	
N090 G01 Z-20.0 F0.1；	
N100 X25.0 Z-35.0；	
N110 Z-65.0；	
N120 X40.0；	
N130 X50.0 Z-80.0；	
N140 G70 P80 Q130；	G70 循环时，S500、F0.1
N150 G00 X100.0 Z100.0；	
N160 M02；	

上述 G71 循环若改用 G73 时，相应程序段作如下改动即可：

N070 G73 P80 Q130 I4.0 K2.0 U0.4 W0.2 D2.0 F0.2 S300；G73 循环时，S300、F0.2

N080 G00 X20.0 Z0 S500；

第四节　数控铣床编程基础

一、数控铣床的坐标系统

数控铣床的种类较多，其中应用范围最广、数量最多的是立式数控铣床。立式数控铣床坐标系同样采用右手笛卡儿坐标系，机床主轴轴线为 Z 轴，远离工作台的方向为正向；由主轴向立柱看，指向右方的为 X 轴正向；根据右手定则，Y 正向则指向立柱，如图 4-3 所示。工件坐标系的原点常选在方形零件的边角、对称图形的中心、工件曲线轮廓设计基准点等处。数控铣床的机床坐标系和工件坐标系如图 4-14 所示。

二、编程基础

FANUC 数控铣床系统的常用准备功能见表 4-2。G00、G01、G02、G03、G04 等指令与数控车床相似，可参阅第三节。

1. 绝对坐标值编程

格式：G90

说明：

1）该指令以后的所有坐标值全部以编程原点为基准（相当于第三节中用 X、Z 绝对坐标编程）。系统的原始工作状态就是 G90 状态。

2）该指令与 G91 均可单独作为一句程序段，也可编入其他程序段中。

2. 增量坐标值编程

格式：G91

说明：该指令以后的坐标值都以前一个坐标位置为原点来计算（相当于第三节中用 U、W 增量坐标编程）。

例 4-9　G90 与 G91 状态下的编程（图 4-15）。

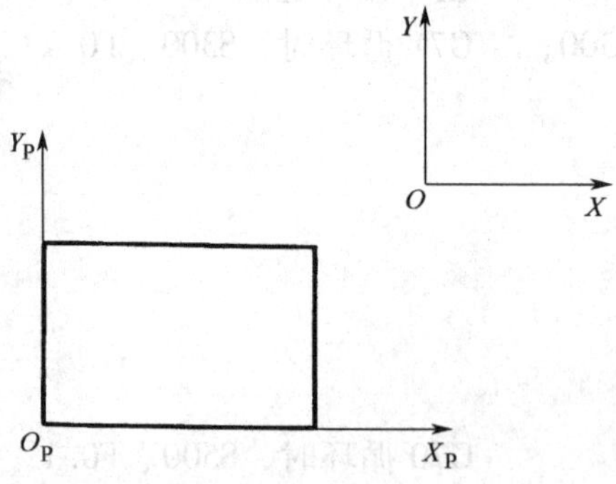

图 4-14　数控铣床的机床坐标系和工件坐标系

XOY—机床坐标系　$X_PO_PY_P$—工件坐标系

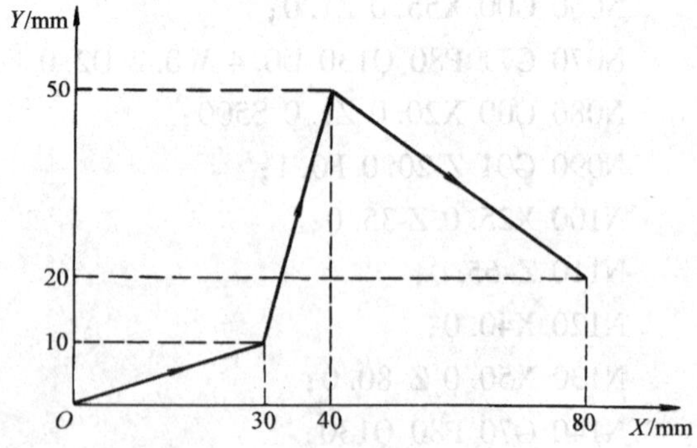

图 4-15　G90 与 G91 的编程

（1）在 G90 状态下的程序

N10 G90 G00 X30.0 Y10.0;

N20 X40.0 Y50.0;

N30 X80.0 Y20.0;

（2）在 G91 状态下的程序

N10 G91 G00 X30.0 Y10.0;

N20 X10.0 Y40.0;

N30 X40.0 Y-30.0;

3. 设置工件坐标系原点

格式：G92 X __ Y __ Z __；（相当于第三节中的 G50）

X、Y、Z：目前刀具中心在新工件坐标系中的位置。

说明：

1）在 G92 的程序段中不能编入其他功能。

2）执行 G92 时，刀架不移动，而系统则将后面程序段中的坐标值作为新坐标中的坐标值。

3）如果在刀具补偿指令起作用的情况下执行 G92 指令，则所设置的坐标值将被补偿值修正。

例 4-10 将例 4-9 的工件坐标系原点设在 X30、Z10，在 G90 状态下的等效程序。

N10 G92 X-30.0 Y-10.0;

N20 G90 G00 X0 Y0;

N30 X10.0 Y40.0;

N40 X50.0 Y10.0;

4. 平面选择

格式：G17（选择 *XY* 平面为正交平面）；

G18（选择 *XZ* 平面为正交平面）；

G19（选择 *YZ* 平面为正交平面）。

说明：系统对所选平面上的两个轴进行刀具半径补偿，对垂直于所选平面的轴进行刀具长度补偿。

5. 拐角圆弧过渡插补

格式：G39 X __ Y __；

X、Y：拐角后新矢量垂直线上的任一点坐标值。

说明：G39 为非模态代码，在 G00、G01、G02、G03 中使用，且仅在 G41、G42 有效时才起作用。

6. 刀具半径补偿

使用刀具半径补偿功能，可以直接按照零件的轮廓编程，而不用考虑刀具的尺寸；刀具磨损或刃磨后，可修改相应的刀补参数，而不需修改程序中的坐标值。加工时，系统根据零件轮廓和存储在刀具表中的刀补参数，自动计算出刀具所走的轨迹。

（1）左边刀具半径补偿

格式：G41

说明：

1）沿着刀具运动方向看，刀具在零件的左边，如图4-16a所示。

2）G41只能在G00或G01有效时执行。如果第一次调用G41是在G02或G03指令有效时，则系统会提示出错信息。

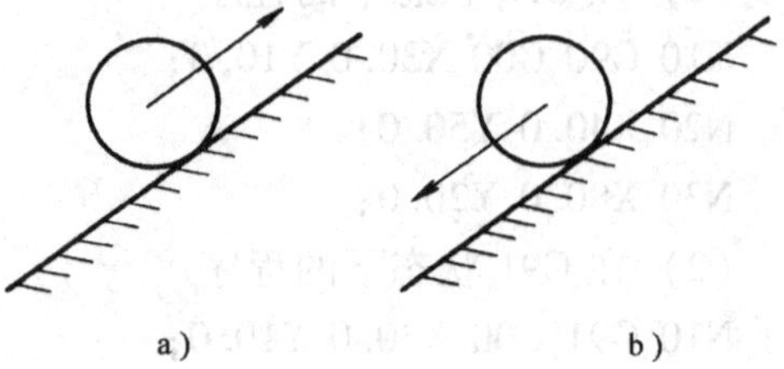

图4-16　刀具半径补偿

a）G41　b）G42

（2）右边刀具半径补偿

格式：G42

说明：沿着刀具运动方向看，刀具在零件的右边，如图4-16b所示，其余与G41相同。

（3）撤消刀具半径补偿

格式：G40

说明：

1）G40必须与G41或G42成对使用。

2）G40只能编在G00或G01有效的程序段中执行，如果在含有G02或G03的程序段中编入G40，则系统会提示出错信息。

图4-17为刀具半径补偿的一些刀具运行轨迹。

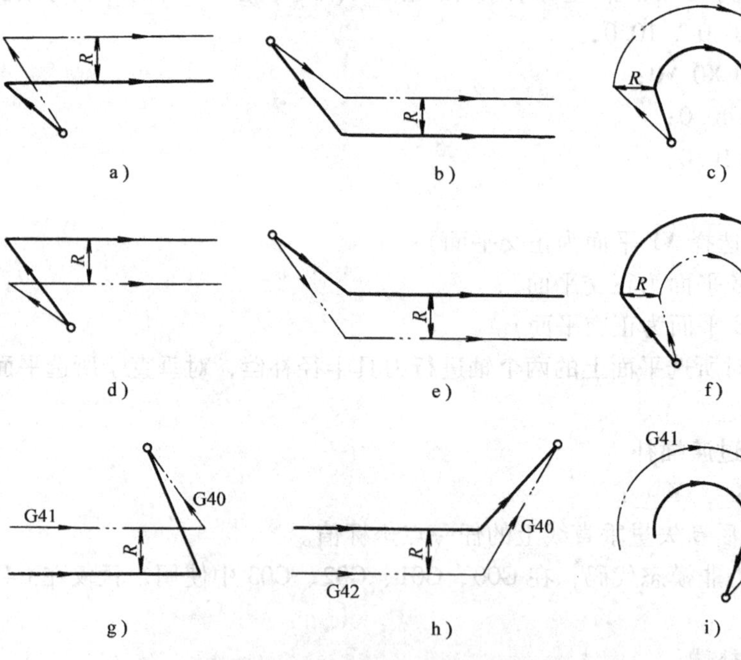

图4-17　刀具半径补偿运行轨迹（刀具半径为R）

a）G41　b）G41　c）G41　d）G42　e）G42　f）G42

g）G40　h）G40　i）G40

——►——编程轨迹

—··—►—··—刀具中心运行轨迹

例 4-11　图 4-18 所示是起刀点为(0，-20)的刀具运行轨迹的程序指令。

N10 G90 G41 G00 Y0 D01；

N20 G01 Y40.0 F50；

N30 G39 X40.0 Y60.0；

N40 G01 X40.0 Y60.0；

N50 G39 X100.0 Y60.0；

N60 G02 X80.0 Y20.0 R40.0；

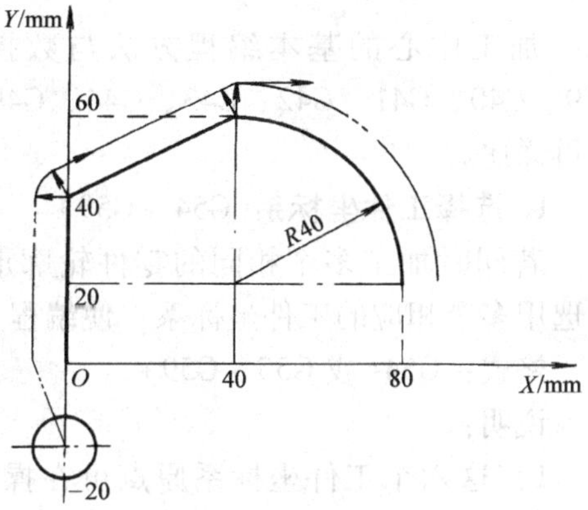

图 4-18　刀具半径补偿示例

7. 刀具长度补偿

当实际刀具长度与编程的标准刀具长度不一致时，可用刀具长度补偿功能对刀具实际的长度差值进行补偿，与刀具半径补偿有些相似。

（1）刀具长度正补偿

格式：G43

（2）刀具长度负补偿

格式：G44

（3）撤消刀具长度补偿

格式：G49

说明：

1）G49 必须与 G43、G44 成对使用。

2）刀具长度补偿可以与固定循环一起使用，但必须在循环开始前加上补偿。

第五节　加工中心编程基础

一、加工中心的编程特点

1）在编程时需完成零件的机加工工艺设计。由于零件加工的工步及使用的刀具较多，甚至一次装夹就要完成包括粗加工、半精加工、精加工的全部零件加工工序，因此必须进行周密的工艺分析，安排合理的加工次序，选择合适的刀具及切削用量，以保证零件的加工精度，并提高生产效率。

2）合理安排刀位号。加工中心需使用多种刀具，有时刀具的外形差别很大，故自动换刀时要留出足够的换刀空间，避免撞刀。

3）为提高工作效率，所用刀具安装在刀柄上以后，多在机床外进行预调对刀，并将刀具参数输入到刀具表相应的地址中。

4）为便于调试程序和调整工步，可将不同的工步分别编成子程序，而主程序主要进行换刀及子程序调用。

5）由于工步较多，且需多次换刀，因此手工编程时出错率较高，故需要认真检查程序，并且可用试运行方式进行校验。校验时，最好在各个平面位置上检查一下刀路。

二、编程基础

加工中心的基本编程方法与数控铣床相同。G00、G01、G02、G03、G17、G18、G19、G40、G41、G42、G43、G44、G49、G90、G91、G92 等指令可参见有关章节，本节不再详述。

1. 选择工件坐标系(G54～G59)

若同时加工多个相同的零件轮廓形状时，可选用多个相应的工件坐标系，使编程方便。

格式：G54(或 G55～G59)

说明：

1）这六个工件坐标系原点可在操作面板上输入设定，亦可用 G10、G92 指令在程序中更改设定。

2）用 G54～G59 选定工件坐标系，其后程序段中的坐标值，一般作为相应被选坐标系中的绝对坐标值。

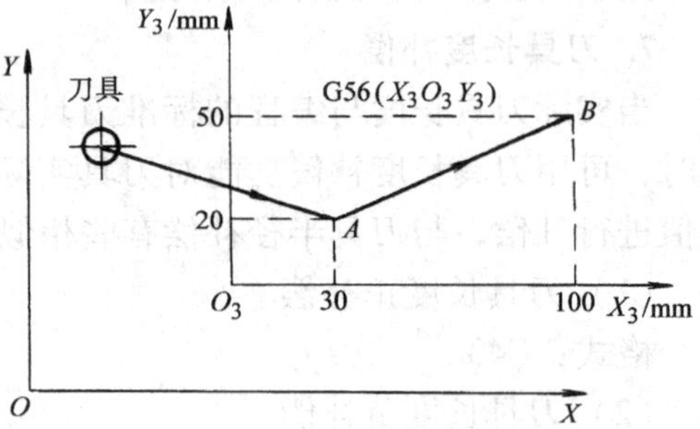

图 4-19　选择工件坐标系

例 4-12　如图 4-19 所示，刀具快速移动到 A 点，再切削进给到 B 点。

N10 G56 G00 X30. 0 Y20. 0;　　（刀具快速移动到 A 点）

N20 G01 Z-5. 0 F100;　　（刀具切入）

N30 X100. 0 Y50. 0 F150;　　（切削进给到 B 点）

2. 孔加工固定循环

孔加工固定循环指令按一定顺序进行钻、镗、攻螺纹等孔加工。若正交平面为 XY 平面(G17 状态)，则进给方向为 Z 向。常用孔加工固定循环指令见表 4-5。

表 4-5　孔加工固定循环指令

指　　令	Z 向进给	孔 底 动 作	退 刀 速 度	用　　途
G73	间歇进给	—	快速进给	高速深孔钻
G74	切削进给	进给暂停→主轴顺时针旋转	切削进给	攻左旋螺纹
G76	切削进给	主轴定向停转	快速进给	精镗
G80	—	—	—	撤消循环
G81	切削进给	—	快速进给	定点钻孔
G82	切削进给	进给暂停	快速进给	锪钻
G83	间歇进给	—	快速进给	深孔钻
G84	切削进给	进给暂停→主轴逆时针旋转	切削进给	攻螺纹
G85	切削进给	—	切削进给	镗孔
G86	切削进给	主轴停转	快速进给	镗孔
G87	切削进给	主轴顺时针旋转	快速进给	反镗
G88	切削进给	进给暂停→主轴停转	手动进给	镗孔
G89	切削进给	进给暂停	切削进给	镗孔

孔加工固定循环包含六个基本动作，如图 4-20 所示。

动作 1：刀具定位。

动作 2：快速进给至切削开始点平面位置（*R* 点平面）。

动作 3：孔加工（钻、镗、攻螺纹等）。

动作 4：孔底动作。

动作 5：退回到 *R* 点平面。

动作 6：快速退刀返回初始点平面位置。

孔加工固定循环的格式为：

（G90 或 G91）（G98 或 G99）G __ X __ Y __ Z __ R __ P __ F __ K __；

X、Y：孔的平面位置坐标。

Z：在 G90 状态下，Z 值为孔底的绝对坐标；在 G91 状态下，Z 值为切削开始点（*R* 点）到孔底的距离（图 4-21）。

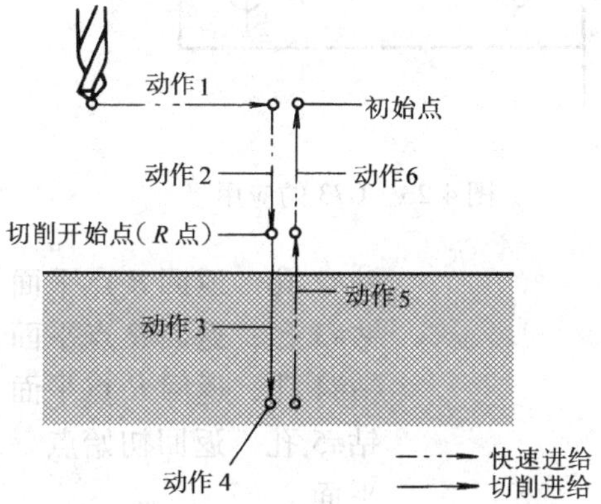

图 4-20　孔加工固定循环的基本动作

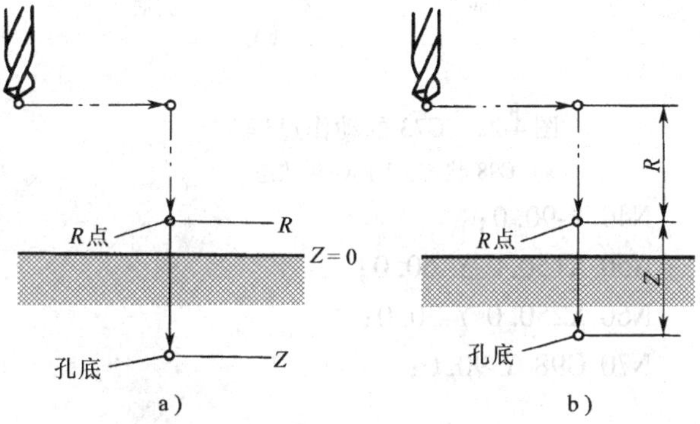

图 4-21　G90、G91 状态下参数值的表示
a）G90 状态　b）G91 状态

R：在 G90 状态下，R 值为切削开始点的绝对坐标；在 G91 状态下，R 值为初始点到切削开始点（*R* 点）的距离（图 4-21）。

P：孔底进给暂停时间。

F：进给速度。

K：循环重复执行次数。

说明：若刀具长度补偿有效，则将在刀具快速进给至 *R* 点的过程中建立刀补。

本节仅以高速深孔钻（G73）为例，介绍一下孔加工固定循环指令的应用。

格式：G73 X __ Y __ Z __ R __ Q __ F __ K __；

Q：每次钻削深度为 *q*，然后退刀排屑。

说明：每次钻深 *q* 后，即退刀 *d* 以利排屑，退刀量 *d* 由机器参数 5114 设定，如图 4-22所示。

例 4-13　高速深孔钻削，如图 4-23 所示。

N20 S1000 M03；	主轴正转
N30 G90 G99 G73 X50. 0 Y-30. 0 Z-50. 0 R10. 0 Q15. 0 F100；	定位，钻#1 孔，返回 *R* 点平面

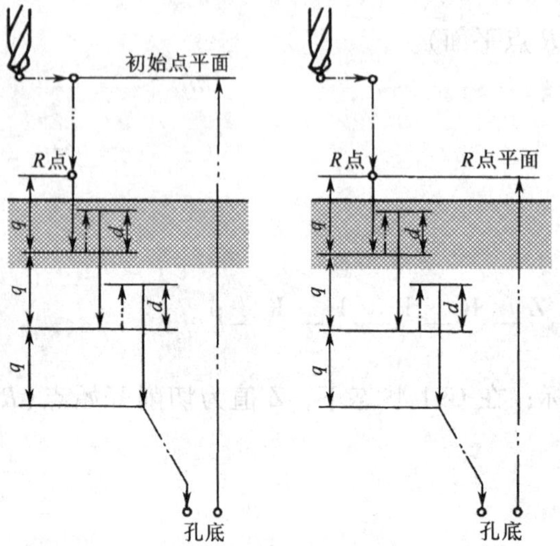

a)　　b)

图4-22　G73的动作过程

a）G98状态　b）G99状态

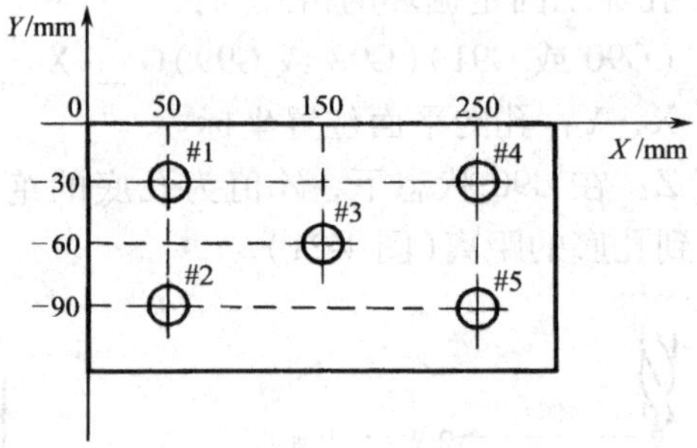

图4-23　G73的应用

N40 Y-90.0；	钻#2孔，返回R点平面
N50 X150.0 Y-60.0；	钻#3孔，返回R点平面
N60 X250.0 Y-30.0；	钻#4孔，返回R点平面
N70 G98 Y-90.0；	钻#5孔，返回初始点平面
N80 G80；	撤消循环
N90 M05；	主轴停转

3. 换刀程序的编制

不同的加工中心，其换刀程序是不同的，通常是选刀和换刀分开进行。换刀完毕再起动主轴，执行后面的程序段。编制换刀程序一般有两种方法：

方法一：

…

N10 G28 Z0 T02；

N20 M06；

即一把刀具加工结束，主轴返回参考点后准停，然后刀库旋转，将需要更换的刀具停在换刀位置，接着进行换刀，再开始加工。

方法二：

…

N10 G01 X _ Y _ Z _ T02；

…

N30 G28 Z0 M06；

N40 G01 X _ Y _ Z _ T03；

此方法的找刀时间和机床切削时间重合，当主轴返回换刀点后立即换刀，因此整个换刀过程所用的时间比第一种方法要短。

4. 子程序

（1）调用子程序

格式：M98 PΔΔΔ ＊＊＊＊

子程序号

子程序重复调用次数，最多为 999 次，此项空缺则调用 1 次

（2）子程序结束

格式：M99

说明：子程序亦可嵌套调用子程序，但嵌套调用子程序不能超过 4 级，如图 4-24 所示。

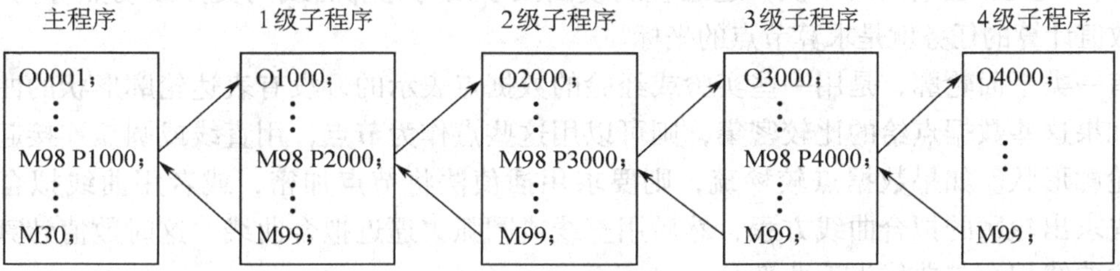

图 4-24 子程序嵌套调用示意图

（3）子程序的特殊用法

1）若子程序用 M99 P＊＊＊＊结束，则子程序执行完后，返回前级程序的第＊＊＊＊句，例如：

```
主程序                      子程序
O0001；                     O1000；
N0010 …；                   N1010 …；
N0020 …；                   N1020 …；
N0030 M98  P1000；          N1030 …；
N0040 …；                   N1040 …；
N0050 …；                   N1050 M99  P0050；
```

2）若/M99 用于主程序中的某个程序段，则执行该程序段时，返回主程序起始句。

3）若/M99　P＊＊＊＊用于主程序中，则执行该段程序后，接着执行第＊＊＊＊句程序段。此用法一般和条件判断选择语句配套使用，例如：

```
              N0010 …；
              N0020 …；
条件判断       N0030 …；
 "NO"         N0040 …；
             /N0050  M99  P0020；   条件判断
              N0060 …；              "Yes"
              N0070  M02；
```

第六节　程序编制中的数值计算

编程时的数值计算，主要是计算零件加工轨迹的尺寸，即计算零件轮廓的基点和节点的坐标，或刀具中心轨迹的基点和节点的坐标。

所谓基点，就是构成零件轮廓不同几何元素的交点和切点。有了基点的坐标，就可编写出这些直线和圆弧的加工程序。数控机床一般只有直线和圆弧插补功能。因此，对于由直线和圆弧组成的平面轮廓，编程时数值计算的主要任务是求各基点的坐标。

有一些平面轮廓由非圆方程曲线 $y=f(x)$ 组成，如渐开线、阿基米德螺线等。有些数控机床上没有直接加工这类曲线轮廓的插补功能，因此，只好用数控机床上能够加工的直线或圆弧去逼近它们，即将这类轮廓曲线按编程允许误差分割成许多小段，用直线或圆弧来代替(即逼近)这些曲线小段，逼近直线或圆弧小段与轮廓曲线的交点或切点称为节点。这时数值计算的任务就是求算节点的坐标。

有一类平面轮廓，是用一些实验或经验的数据点表示的，没有表达轮廓形状的曲线方程。如果这些数据点给的比较密集，则可以用这些点作为节点，用直线或圆弧连接起来以逼近轮廓形状。如果数据点较稀疏，则要求用插值法将节点加密，或者用曲线拟合的方法，先求出轮廓的拟合曲线方程，然后用直线或圆弧去逼近拟合曲线。这时数值计算的任务包含曲线拟合与曲线逼近两部分。

在数控加工方法中所说的空间立体曲面的行切法加工，实际上是用许多平行的平面曲线来逼近空间曲面，这时需求出所有的平面曲线，而且还要计算各平面曲线上的基点或节点，然后再编写各节点、基点之间的直线或圆弧加工程序。

下面介绍常用的数值计算方法。

一、直线和圆弧组成的零件轮廓的基点计算

在数控机床上，加工由直线和圆弧组成的零件轮廓占有很大的比例。由直线和圆弧组成的零件轮廓，可以归纳为直线与直线相交、直线与圆弧相交或相切、圆弧与圆弧相交或相切、一直线与两圆弧相切等几种情况，计算的方法可以是联立方程组求解，也可利用几何元素间的三角函数关系求解。由于这些计算方法多采用初等解析几何，而且在许多文献中均有论述，所以下面仅简单介绍这类零件轮廓的基点计算方法。

在目前生产的零件中，直线定义方法可归纳为十多种。一般可归结为由已知参数计算出直线方程 $y=Kx+b$ 的参数 K 和 b 的公式，也就是计算出直线的一般方程式 $Ax+By+C=0$ 的参数 $A=-K$、$B=1$、$C=-b$。圆弧的定义方法也有很多种，可归结为由已知参数计算出圆弧标准方程 $(x-a)^2+(y-b)^2=R^2$ 的参数，即圆心坐标 (a,b) 和半径 R 的公式。

在归纳出生产中直线和圆弧的几种表示方法，并变成标准形式后，可使基点计算标准化。对于由直线和圆弧组成的零件轮廓可归纳为几种情况，推导出零件轮廓上的基点和等距线(即刀具中心轨迹)上的基点计算公式。

直线 $Ax+By+C=0$ 的等距线方程为

$$Ax+By+C=R_{刀}\pm\sqrt{A^2+B^2}$$

式中，$R_刀$ 为刀具半径值。式中正负号的选取方法为：在相同的 x 值时，等距线上的 y 值大于原直线的 y 值时取正，反之取负；有相同的 y 值时，等距线上的 x 值大于原直线的 x 值时取正，反之取负。

圆 $(x-a)^2+(y-b)^2=R^2$ 的等距圆方程为

$$(x-a)^2+(y-b)^2=(R\pm R_刀)^2$$

式中正负号的选取方法为：等距圆在原圆弧的外侧时取正，反之取负。

二、非圆曲线的节点计算

用直线或圆弧逼近方程曲线 $y=f(x)$ 时，节点的数目和坐标值主要取决于曲线的特性、逼近线段的形状及允许的逼近误差 $\delta_允$。根据这三方面的条件，可用数学方法求出各节点的坐标。用直线还是圆弧作为逼近线段，则应考虑在保证逼近精度的前提下，使节点数目少，也就是要使程序段数目少，计算简单。对于曲率半径大的曲线用直线逼近较为有利，若曲线某段接近圆弧，自然用圆弧逼近有利。常用的逼近线段与节点计算的方法有以下几种。

1. 等间距直线逼近法

等间距直线逼近法是使每一个程序段中的某一个坐标的增量相等。在直角坐标系中可令 X 坐标的增量相等，在极坐标系中可令转角坐标的增量相等，也可以令径向长度的增量相等。图 4-25 表示加工一个凸轮时，X 坐标按等间隔分段时节点的分布情况。将 x_1 ~ x_7 的值代入方程 $y=f(x)$，可求出坐标值 y_1 ~ y_{12}，从而求得节点 A_1 ~ A_{12} 的坐标值。间距的大小一般根据零件加工精度要求凭经验选取。求出节点坐标后，再验算由分段造成的逼近误差是否小于允许值，从图 4-25 可以看出，不必每一段都要验算，只需验算 Y 坐标增量值最大的线段(如 A_1A_2 段)，曲率比较大的线段(如 A_5A_6 段)，以及有拐点的线段(如 A_6A_7 段)，如果这些线段的逼近误差小于允许值，则其他线段一定能满足要求。

设图 4-26 中 A_1A_2 是要验算的线段，曲线方程为 $y=f(x)$，A_1、A_2 的坐标已知，分别为 (x_1,y_1)、(x_2,y_2)，则过 A_1A_2 的直线方程为

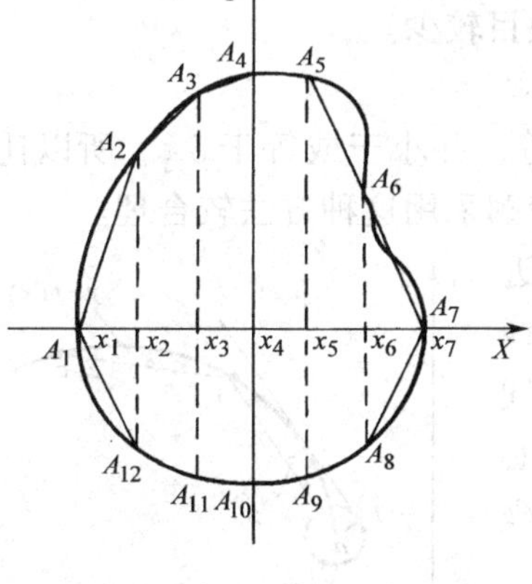

图 4-25　等间距直线逼近法示意图

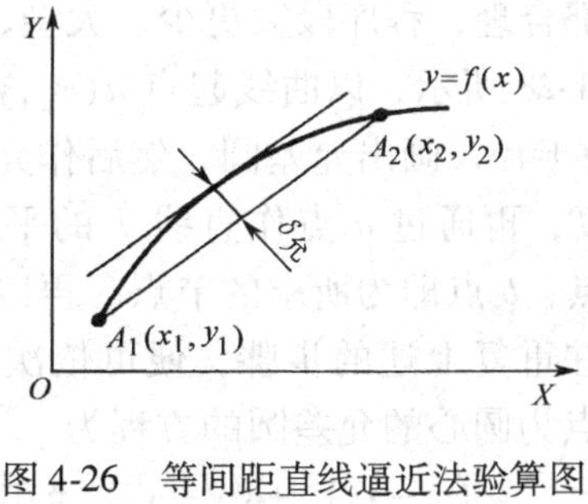

图 4-26　等间距直线逼近法验算图

$$(x-x_1)/(y-y_1)=(x_1-x_2)/(y_1-y_2)$$

距直线 A_1A_2 为 $\delta_允$ 的等距线的方程为

$$\delta_{允}=\frac{Ax+By+C}{\pm\sqrt{A^2+B^2}}$$

式中，$A=y_1-y_2$；$B=x_2-x_1$；$C=y_1(x_1-x_2)-x_1(y_1-y_2)$。

将以上方程与曲线方程 $y=f(x)$ 联立求解。如果无解，即没有交点，表示逼近误差小于 $\delta_{允}$；如果只有一个解，即等距线与轮廓曲线相切，表示逼近误差等于 $\delta_{允}$；如果有两个或两个以上的解，表示逼近误差大于 $\delta_{允}$，这时应缩小等间距坐标的增量值，重新计算节点和验算逼近误差，直至最大的逼近误差小于或等于 $\delta_{允}$。

2. 等弦长直线逼近法

等弦长直线逼近法是使每个程序段的直线段长度相等，且逼近误差小于或等于 $\delta_{允}$。由于零件轮廓曲线各处的曲率不同，因此，各段的逼近误差不相等，必须使最大误差仍小于 $\delta_{允}$。一般说来，零件轮廓曲线的曲率半径最小的地方，逼近误差最大。据此，先确定曲率半径最小的位置，然后在该处按照逼近误差小于或等于 $\delta_{允}$ 的条件求出逼近直线段的长度，用此弦长分割零件的轮廓曲线，即可求出各节点的坐标。

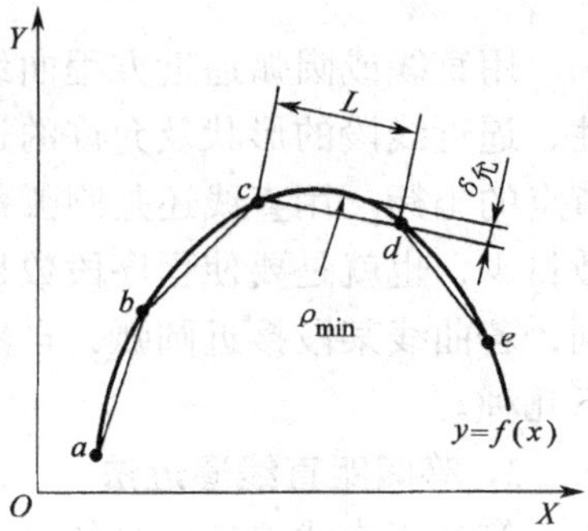

图 4-27　等弦长直线逼近法示意图

如图 4-27 所示，对于任一轮廓曲线 $y=f(x)$，其任一点的曲率半径为

$$\rho=(1+y'^2)^{3/2}/y''$$

将上式对 x 求导数，并令其值为零，即 $d\rho/dx=0$，即可求出最小曲率半径 ρ_{min}。

当半径为 ρ_{min} 的圆弧逼近误差为 $\delta_{允}$ 时，其相应的弦长 L 为

$$L=2[\rho_{min}^2-(\rho_{min}-\delta_{允})^2]^{1/2}\approx 2(2\rho_{min}\delta_{允})^{1/2}$$

以曲线的起点 $a(x_a,y_a)$ 为圆心，L 为半径作圆，其圆方程为

$$(x-x_a)^2+(y-y_a)^2=8\rho_{min}\delta_{允}$$

将上式与 $y=f(x)$ 联立求解，得交点 b 的坐标 (x_b,y_b)，顺次以 b、c、d…为圆心，L 为半径作圆，并按上述方法求交点，即可求得节点 c、d、e…的坐标值。

这种方法的计算过程比等间距法复杂，但程序段数目较少。

3. 等误差直线逼近法

等误差直线逼近法是使每个直线段的逼近误差相等，并小于或等于 $\delta_{允}$。所以比上面两种方法都合理，程序段数更少。大型、复杂的零件轮廓采用这种方法较合理。

如图 4-28 所示，以曲线起点 $a(x_a,y_a)$ 为圆心、逼近允差 $\delta_{允}$ 为半径，画出允差圆，然后作允差圆与轮廓曲线的公切线 T，再通过 a 点作直线 T 的平行线与轮廓曲线相交于 b 点，b 点即为所求的节点。再以 $b(x_b,y_b)$ 为圆心作允差圆并重复上述的步骤，便可依次求出各节点的坐标。以 a 点为圆心的允差圆的方程为

$$(x-x_a)^2+(y-y_a)^2=\delta_{允}^2$$

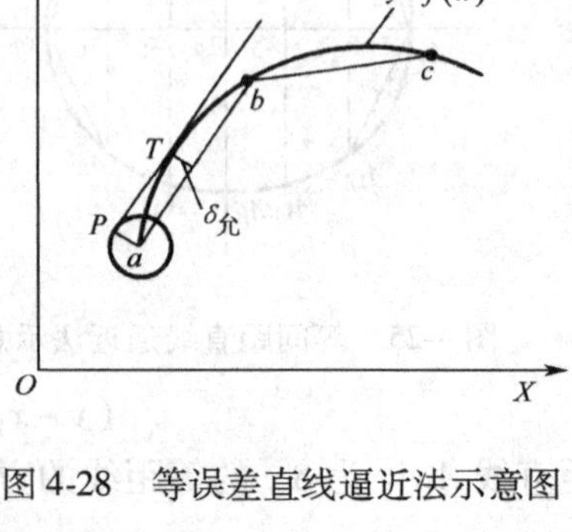

图 4-28　等误差直线逼近法示意图

公切线 T 的方程为

$$y=kx+b$$

式中，k 为公切线的斜率，其值为 $k=(y_T-y_P)/(x_T-x_P)$。

解以下的联立方程

$$\begin{cases}f'(x_T)=(y_T-y_P)/(x_T-x_P)\\ f(x_T)=y_T\\ F'(x_P)=(y_T-y_P)/(x_T-x_P)\\ F(x_P)=y_P\end{cases}$$

便可求得 x_T、y_T、x_P、y_P，式中 $F(x)=Y$ 是允差圆的方程，$y=f(x)$ 为轮廓曲线的方程，再由斜率公式 $k=(y_T-y_P)/(x_T-x_P)$ 求出 k。

过 a 点且平行于 T 直线的方程为

$$y-y_a=k(x-x_a)$$

求此方程与轮廓曲线 $y=f(x)$ 的交点就是节点 b。再从 b 点开始，重复上述的计算步骤，就可以求出其他各节点。

4. 圆弧逼近法

如果数控机床有圆弧插补功能，则可以用圆弧段去逼近工件的轮廓曲线，此时，需求出每段圆弧圆心、起点、终点的坐标值以及圆弧段的半径，计算节点的依据仍然是要使圆弧段与工件轮廓曲线间的误差小于或等于允许的逼近误差 $\delta_{允}$。如图 4-29 所示，其计算步骤如下：

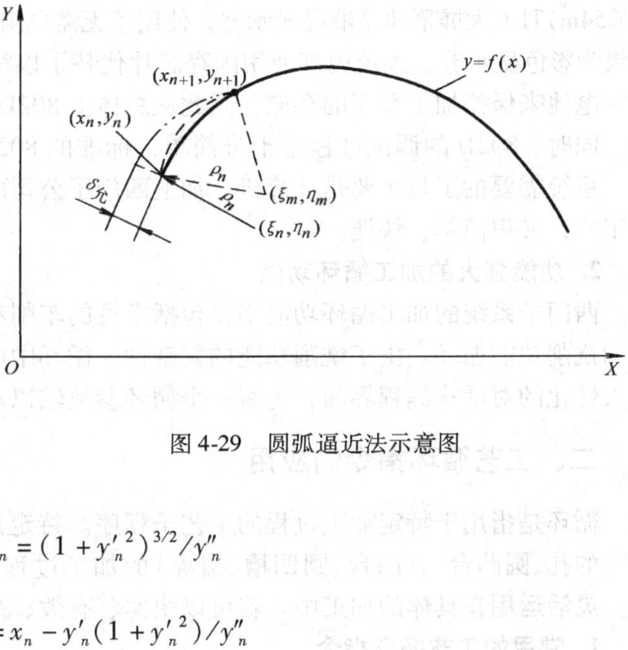

图 4-29 圆弧逼近法示意图

1）求轮廓曲线 $y=f(x)$ 在起点(x_n,y_n)处的曲率中心的坐标(ξ_n,η_n)和曲率半径 ρ_n。曲率半径为

$$\rho_n=(1+y'^2_n)^{3/2}/y''_n$$

圆心坐标为

$$\xi_n=x_n-y'_n(1+y'^2_n)/y''_n$$

$$\eta_n=y_n+(1+y'^2_n)/y''_n$$

2）以点(ξ_n,η_n)为圆心，$\rho_n\pm\delta_{允}$ 为半径作圆，与曲线相交，其交点为(x_{n+1},y_{n+1})，则圆方程为

$$(x-\xi_n)^2+(y-\eta_n)^2=(\rho_n\pm\delta_{允})^2$$

将该圆的方程与曲线方程 $y=f(x)$ 联立求解，即得所求节点(x_{n+1},y_{n+1})。

3）以(x_n,y_n)为起点、以(x_{n+1},y_{n+1})为终点，则半径为 ρ_n 的圆弧段就是所要求的逼近圆弧段，由以下两个方程

$$(x-x_n)^2+(y-y_n)^2=\rho_n^2$$

$$(x-x_{n+1})^2+(y-y_{n+1})^2=\rho_n^2$$

联立求解，就可以求得圆弧段的圆心坐标为(ξ_m,η_m)。

4）重复上述步骤可依次求出其他逼近圆弧段。

第七节　西门子 SINUMERIK 802D 系统简介

西门子公司的 SINUMERIK 802D 系统是目前在我国应用较多的一种，它拥有优良的性能价格比和丰富的功能，深受国内制造业的欢迎。SINUMERIK 802D 系列产品从 1997 年便进入中国市场，这个系列包括 SINUMERIK 802S、802D、802C、802Se 和 802Ce。其中 802D 是 1999 年推出的一款全数字式的数控系统。它包括车床和铣床版本，可以应用于各种金属切削机床。

一、SINUMERIK 802D 的产品特点

1. 先进的人机交互性能

面板控制单元（Panel Control Unit，PCU）是数控机床的关键部分，802D 的 10.4in（1in = 0.0254m）TFT 大屏幕薄型液晶显示器，使用了无需风扇进行散热的长寿命背景光源，还可以升级为彩色显示屏。系统内部使用闪存芯片代替了以往的硬盘存储加工程序，并且不需要依靠电池来保持加工程序的存储。因此从总体上 802D 的系统具有较好的维护性。

同时，802D 的调试过程也十分简单，标准的 802D 系统配置适用于车削以及铣削加工。系统需要的工具主要是计算机，加上西门子公司配套的软件工具包，既可用于各种调试工作，又很简单、快捷。

2. 功能强大的加工循环功能

西门子系统的加工循环功能不仅包括常见的车削和钻、镗类循环，并且还包括多种类型的铣削功能循环。由于铣削功能的复杂性，循环中的各种参数也比较多，因此系统提供了人性化的对话式编程界面，为每一个循环参数辅以对应的示意图和提示信息。

二、工艺循环指令的应用

循环是指用于特定加工过程的工艺子程序。特定加工过程是指对具有典型图素（规则排列的孔、圆凸台、方凸台、圆凹槽、槽等）的加工过程。掌握这些典型图素的加工编程方法，灵活运用在具体的加工中，就可以快速、有效、高质量地完成加工任务。

1. 常用的工艺循环指令

SINUMERIK 802D 数控系统在提供数控系统指令的同时，也为用户提供了一些极为有用的工艺循环编程指令，由于不同时期出厂的数控系统的版本不一样，工艺循环程序的数量也会有所差异（本节介绍的工艺循环指令版本号为：802DSW 02.04.03.02.70）。

钻孔循环：

CYCLE81 钻孔，中心孔

CYCLE82 钻孔，锪平面

CYCLE83 钻深孔

攻螺纹循环：

CYCLE84 刚性攻螺纹

CYCLE840 带补偿夹具攻螺纹

镗孔循环：

CYCLE85 铰孔/粗镗孔

CYCLE86 镗孔（带让刀动作精镗孔）

CYCLE87 镗孔（带停止动作精镗孔）

CYCLE88 镗孔（带孔底停留和停止动作精镗孔）

CYCLE89 镗孔（带孔底停留和工退的精镗孔）

铣削循环：

CYCLE71 端面铣削

CYCLE72 轮廓铣削

LONGHOLE 圆周排列径向长槽（孔）

SLOT1 圆周排列径向直槽

SLOT2 圆周排列圆弧槽

POCKET3 矩形凹槽

POCKET4 圆形凹槽

CYCLE90 螺纹铣削

2. 工艺循环指令的使用

上面介绍了几种常用的循环指令，当其应用于某一类具体加工时，只要改变部分参数即可。

对工艺循环指令的使用说明如下：

1）调用返回条件。G 功能和可编程功能在循环调用前后一直有效。

2）循环调用和参数列表。调用循环时，循环的所有参数必须通过参数列表的形式传输到数控系统中。循环中的每一个定义参数都具有特定的数据类型。当循环调用时，必须为需要使用的参数用参数列表的形式进行赋值。

3）进给轴始终是所选平面的第三轴。

4）铣削循环是用特定坐标轴名称而编程的。在调用铣削循环之前，必须激活刀具补偿。

三、钻孔循环指令

钻孔循环主要是指采用成形刀具完成的孔加工，其加工动作基本都是一致的，因此钻孔循环被称为固定循环。所有的钻孔循环由垂直于所选当前平面的坐标轴来完成。

1. 编程格式

CYCLE81（RTP，RFP，SDIS，DP，DPR）

2. 钻孔循环顺序

1）循环之前，前面的程序必须使刀具到达钻孔位置上方。

2）使用 G0 运行到开始加工平面。

3）按循环调用之前所编程的进给率（G1）和主轴转速钻削到最后的钻孔深度。

4）使用 G0 退回到返回平面。

3. 参数类型和说明（见表 4-6）

表4-6 钻孔循环指令中的参考类型和说明

参数	类型	说 明	参数	类型	说 明
RTP	实数	加工返回平面	DP	实数	加工完成平面(最后钻孔深度)
RFP	实数	加工参考平面	DPR	实数	相对于加工参考平面的最后钻孔深度
SDIS	实数	安全间隙			

4. 循环运行说明

1）如果一个值同时输入给DP和DPR，最后钻孔深度来自于DPR。

2）如果参考平面和返回平面的值相同，则不允许深度的相对值定义，循环将终止，输出“参考平面不正确”。

3）CYCLE81钻孔循环格式虽然是固定的，但是在调用过程中可以省略一些参数(不完全参数)，具体如下：

```
…
N60 G1 X30 Y40 Z40 F150;          刀位点运行到钻孔位置(30,40)上方
N70 CYCLE81(10,0,2,-10,10);       在点(30,40)位置钻孔
…
```

使用下面的指令同样也可以完成：

```
…
N60 G1 X30 Y40 Z40 F150;
N70 CYCLE81(10,0,2,-10,);         调用不完全参数表钻孔循环,省略参数DPR
或:
N70 CYCLE81(10,0,2,,10);          调用不完全参数表钻孔循环,省略参数DP
…
```

5. 编程实例

例4-14 调用四次钻孔循环(图4-30)，在程序中分别使用不同的形式来调用钻孔循环参数，钻孔轴始终为*Z*轴。

加工程序CYC8101：

```
N10 T3 D1;                        调用钻孔工具
N20 G0 G17 G54 X0 Y0 Z100;        系统初始化,调用坐标系
N30 F200 S300 M3;                 工艺值的规定
N40 X20 Y10;                      运行到首次钻孔的位置
N50 Z30;                          运行到孔沿上方30mm位置平面
N60 CYCLE81(10,0,2,-15);          调用钻孔循环不完整参数表,省略钻孔深度
N70 X80;                          移到下一个钻孔位置
N80 CYCLE81(10,0,2,,15) ;         调用钻孔循环不完整参数表,省略钻孔深度
N90 X20 Y70 ;                     移到下一个钻孔位置
N100 CYCLE81(10,0,,-15,);         调用钻孔循环,省略参数安全间隙
N110 X80 Y70;                     移到下一个钻孔位置
N120 CYCLE81(10,0,,-15,);
```

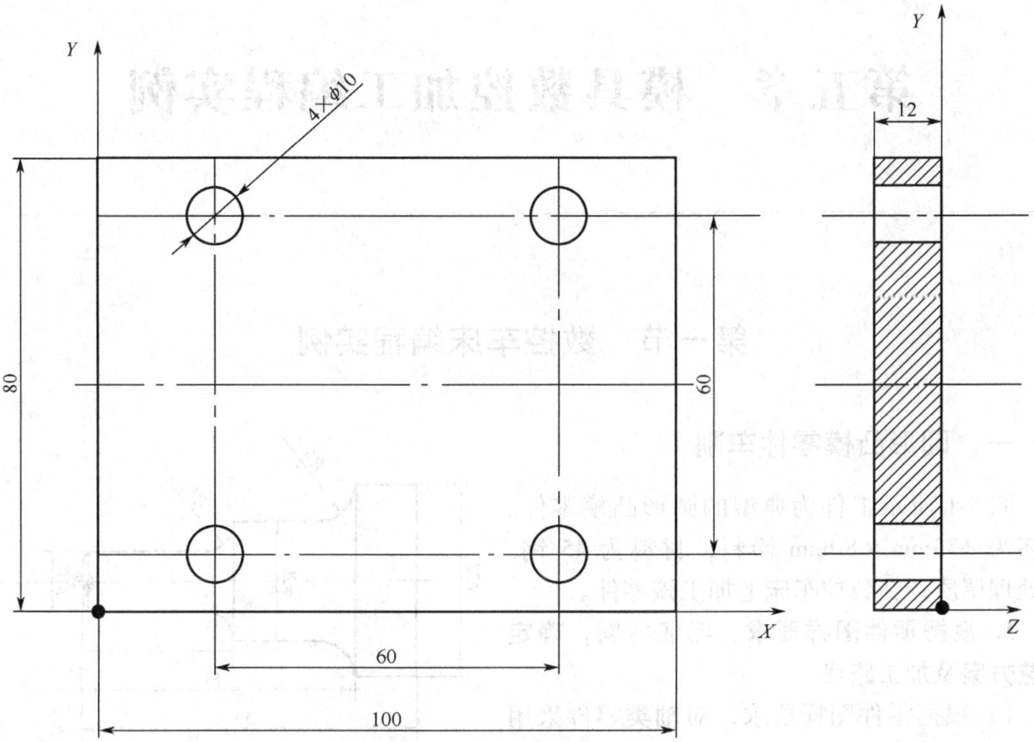

图 4-30　钻孔加工编程实例

N130 M05 ;　　　　　　　　　　　主轴停止

N140 M30 ;　　　　　　　　　　　程序结束

本实例钻孔加工编程方法为钻削单孔时采用的程序段钻孔方式，也被称为非模拟调用钻孔循环方式，因此只能在指定的程序段中才能执行循环动作。

复习思考题

1. 试述手工编程的工作步骤。
2. 什么是右手直角坐标系？
3. *Z* 轴、*X* 轴在机床上分布的原则是什么？
4. 车床、铣床各坐标轴如何分布？
5. 试述数控车床的机床参考点、机床原点、编程原点（工件原点）、刀位点之间的关系。
6. 数控车床圆弧的顺逆应如何判别？
7. 试述 G00、G01、G02、G03 的使用特点。
8. G 指令中模态指令与非模态指令有何区别？
9. 什么是子程序的嵌套？子程序有什么特殊用法？
10. 什么是等误差直线逼近法？试述其原理。
11. 什么是圆弧逼近法？其步骤如何？

第五章　模具数控加工编程实例

第一节　数控车床编程实例

一、圆形凸模零件车削

图 5-1 所示工件为典型的圆形凸模零件。毛坯为 $\phi33mm \times 80mm$ 棒料，材料为 45 钢，热处理调质，在数控车床上加工该零件。

1. 根据零件图样要求、毛坯材料，确定工艺方案及加工路线

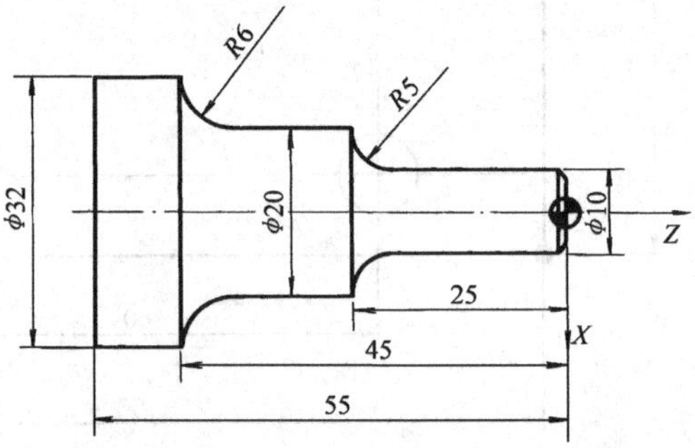

图 5-1　圆形凸模零件

1）根据零件图样要求，对轴类零件采用三爪自定心卡盘夹持 $\phi33mm$ 外圆。工件伸出卡盘长度为 65mm，一次装夹完成粗、精加工。

2）确定工件零点位置。如图 5-1 所示，工件零点的位置与设计基准重合，在工件右端面中心处。

3）工步顺序为：①车端面；②粗加工外轮廓；③精加工外轮廓（利用车削循环功能实现零件的粗、精加工，刀具路径如图 5-2 所示）；④割断。

2. 选择机床设备

根据零件图样要求，本例选择在 FANUC Power Mate 0 系统数控车床上加工。

3. 选择刀具

根据加工要求，选用 3 把刀具，T01 为 90°粗车刀，刀具材料为硬质合金；T02 为 90°精车刀，刀具材料为硬质合金；T03 为割断刀，刀具材料为高速钢。通过对刀的方式把刀偏值输入到相应的刀具参数表中。

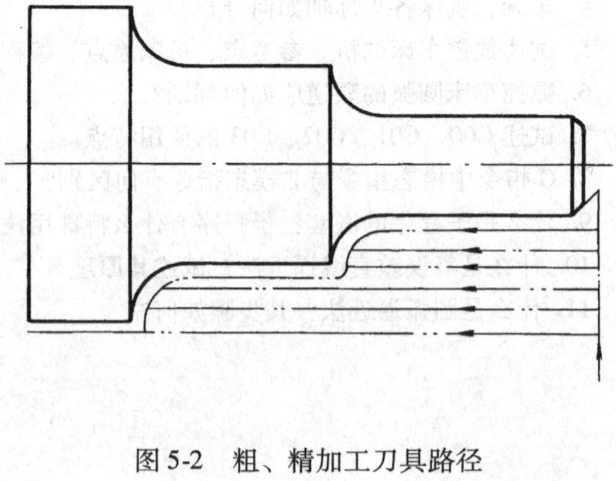

图 5-2　粗、精加工刀具路径

4. 确定切削用量

切削用量的选择，通常根据机床性能、相关的手册并结合实际经验确定。该零件材料为 45 钢，车刀刀具材料为硬质合金。通过查表法确定主轴转速和进给量。

查表得精加工切削速度 $v=90\text{m/min}$，粗加工每转进给量为 0.2mm/r。根据计算公式得

$$n=1000v/\pi D=[1000\times 90/(3.14\times 33)]\text{r/min}\approx 869\text{r/min}$$

精加工时，取 $n=850\text{r/min}$，进给量取粗加工的 40%，即 $F=0.2\text{mm/r}\times 40\%=0.08\text{mm/r}$。

粗加工时，切削速度取精加工的 70%，$n=1000v/\pi D=[1000\times 90\times 0.7/(3.14\times 33)]\text{r/min}=600\text{r/min}$；$F=0.2\text{mm/r}$。

同理，查表得割断时的主轴转速为 350r/min，进给量取 0.05mm/r。

由于数控机床的主轴为无级变速，因此也可以使用恒速切削功能。当零件的端面或外圆加工精度要求较高时，可使用恒速切削功能。

5. 编写加工程序

按该机床系统规定的指令代码和程序段格式，把加工零件的全部工艺过程编写成程序清单。加工程序如下：

O0001	程序号
G50 S1500	主轴最高限速 1500r/min
G96 S60 T0101 M03 F0.2	恒速切削 60m/min，进给量 0.2mm/r，刀具号 T01
G00 X35 Z0	快速接近工件
G01 X0	车端面
G00 Z1	
G00 X32.5	
G01 Z-56	粗车外圆到 ϕ32.5mm
G00 X33	
G00 Z1	
G00 X32 Z1	外圆粗车循环起点
G71 P10 Q20 U0.2 W0.1 D2 F0.2	外圆粗车横向循环指令，每次背吃刀量2mm，X 向精加工余量 0.2mm，Z 向精加工余量 0.1mm，进给量 0.2mm/r
N10	
G00 X10 Z1	
G01 Z-20	
G02 X20 Z-25 R5	车削 $R=5\text{mm}$ 圆弧，由于该例为前置刀架方式切削，根据坐标系规定，圆弧为 G02 指令
G01 Z-39	
G02 X32 Z-45 R6	
G01 Z-56	
N20	
G28 U0 W0 T0 M05	返回参考点，换刀（通常可把刀具直接退到一个合适的点进行换刀，而不需要返回参考点）
G96 S90 T0202 M03 F0.05	换 T02 号精加工刀具，恒速切削 90m/min，进给量

	0.05mm/r
G70 P10 Q20	精车外形轮廓，执行 N10～N20 程序段
G28 U0 W0 T0 M05	返回参考点
G00 G97 S350 T0303 M03 F0.05	换 T03 号割断刀(割断刀右刀尖为刀位点)
G00 X35 Z-55	
G01 X0	割断工件
G00 X40	
G28 U0 W0 T0 M05	返回参考点
M30	程序结束

二、内孔零件车削

图 5-3 所示零件毛坯为 $\phi35mm \times 80mm$ 棒料，材料为 45 钢，在数控车床上加工该零件。

1. 根据零件图样要求、毛坯材料，确定工艺方案及加工路线

1）采用三爪自定心卡盘夹持 $\phi35mm$ 外圆。工件伸出卡盘长度为 50mm，一次装夹完成粗、精加工。该零件内孔 $\phi12H7$ 有较高的精度要求，用钻孔、扩孔、铰孔的方法来完成。加工外圆时，把粗、精加工分开，单边留 0.25mm 余量进行精加工。对于孔加工，可用直线插补指令 G01 或钻孔循环指令，本例介绍直线插补指令编写程序。

2）确定工件零点位置。如图 5-3 所示，工件零点的位置与设计基准重合，在工件右端面中心处。

3）工步顺序为：①车端面；②钻中心孔；③钻 $\phi8mm$ 内孔；④扩 $\phi11.9mm$ 内孔；⑤铰$\phi12mm$ 内孔；⑥粗加工外轮廓；⑦精加工外轮廓(利用车削循环功能实现零件的粗、精加工，刀具路径如图 5-4 所示)；⑧割断。

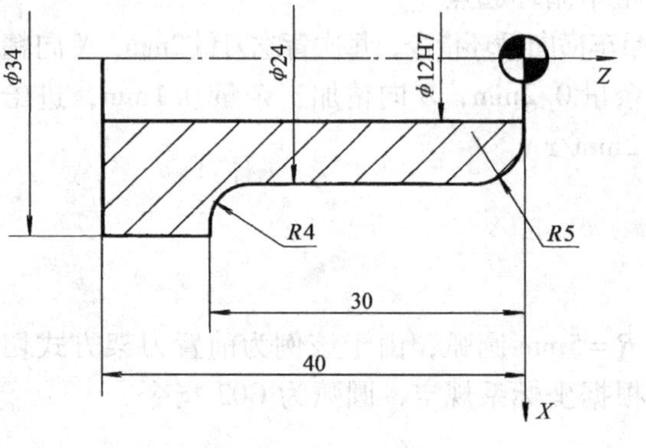

图 5-3 内孔零件

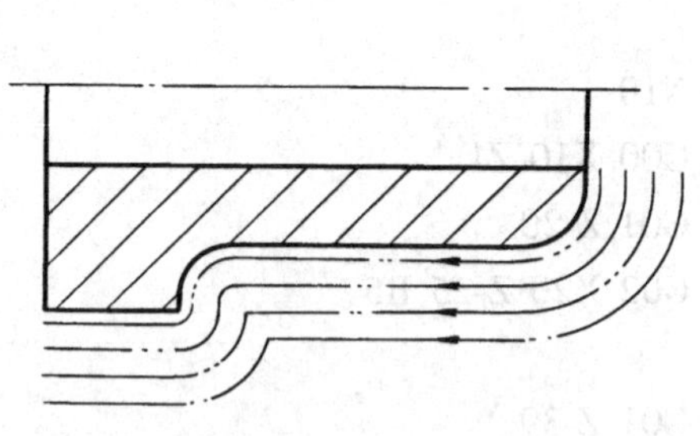

图 5-4 刀具路径

2. 选择机床设备

根据零件图样要求，本例选择在 FANUC Power Mate 0 系统数控车床上加工。

3. 选择刀具

根据加工要求，选用 7 把刀具，T01 为 90°右偏刀，用来粗车；T02 为 90°右偏刀，用来精车；T03 为割断刀；T04 为 $\phi3mm$ 中心钻；T05 为 $\phi8mm$ 钻头；T06 为 $\phi11.9mm$ 钻头；T07 为 ϕ12mm 铰刀。通过对刀方式把刀偏值输入相应的刀具参数表中。

4. 确定切削用量

切削用量的选择，通常根据机床性能、相关的手册并结合实际经验确定。该零件材料为 45 钢，90°右偏刀的材料为硬质合金，其他刀具为高速钢。通过查表法确定主轴转速和进给速度。查表得切削速度 $v=90\text{m/min}$，根据计算公式和机床性能精加工时为

$$n=1000v/\pi D=[1000\times 90/(3.14\times 34)]\text{r/min}=843\text{r/min}$$

取 $n=850\text{r/min}$，进给量取 $F=0.05\text{mm/r}$。

粗加工时，取 $n=600\text{r/min}$，进给量取 $F=0.2\text{mm/r}$。

中心钻材料为高速钢，钻中心孔时，主轴转速取 1000r/min，进给量取 0.05mm/r。

钻 ϕ8mm 孔时，主轴转速取 400r/min，进给量取 0.08mm/r。

扩 ϕ11.9mm 孔时，主轴转速取 300r/min，进给量取 0.1mm/r。

铰孔时，主轴转速取 100r/min，进给量取 0.5mm/r。

割断时，主轴转速取 350r/min，进给量取 0.05mm/r。

5. 编写加工程序

按该机床系统规定的指令代码和程序段格式，把加工零件的全部工艺过程编写成程序清单。加工程序如下：

O0002	程序号
G50 S1500	主轴最高限速 1500r/min
G00 S600 T0101 M03 F0.2	主轴转速为 600r/min，进给量为 0.2mm/r，刀具号为 T01
X40 Z0	快速接近工件
G96 S60	切换工件转速，端面恒速切削，切削速度为 60m/min
G01 X0	车端面
G00 Z120	
X100	退回换刀点
T0404 M03 S1000	换 T04 号刀具 ϕ3mm 中心钻
G00 X0 Z2	
G01 Z-3 F0.05	
G00 Z120	
X100	
M06 T0505	换 T05 号刀具 ϕ8mm 钻头
M03 S400	
G00 X0 Z2	
G01 Z-45 F0.08	
G00 Z120	退回换刀点
X100	
T0606	换 T06 号刀具 ϕ11.9mm 钻头扩孔
M03 S300	

```
G00 X0 Z2
G01 Z-46 F0.1
G00 Z100
G00 X100
T0707                                   换T07号刀具φ12mm铰刀铰孔
M03 S100
G00 X0 Z2
G01 Z-46 F0.5
G00 Z100
X100
T0101 M03 S600                          换T01号刀具，粗车外圆
G00 X34.5 Z1
G01 Z-41 F0.2
G00 X35
G00 X35 Z2                              粗车循环起点
G96 S60                                 恒速切削，切削速度为60m/min
G73 P10 Q20 I5 K2 U0.2 W0.1 D5 F0.2     平行轮廓粗车循环指令，径向切除余量5mm，轴向切除余量2mm，粗切循环5次，X向精加工余量0.2mm，Z向精加工余量0.1 mm，进给量0.2mm/r
N10
G00 X10 Z0
G01 X24 R-5
G01 Z-30 R4                             倒圆角
G01 X34
Z-42
N20
G00 X100
G00 Z100
G96 S90 T0202 F0.1                      换T02号刀具，精加工90°右偏刀
G00 X35 Z1
G70 P10 Q20                             精加工外形轮廓
G00 X100
G00 Z100
T0303                                   换T03刀具割断工件
M03 S350
G00 X40 Z-43
G01 X0 F0.05
G00 X100
```

Z100

M05 M30　　　　　　　　　　　　程序结束

三、轴套类零件车削

图 5-5 所示零件为轴套类零件，是车削加工中经常遇到的典型零件。毛坯为 ϕ46mm × 85mm 棒料，材料为黄铜，在数控车床上加工该零件。

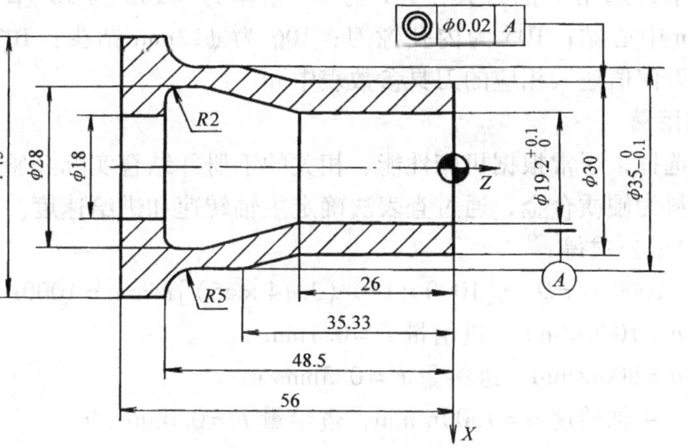

图 5-5　轴套类零件

1. 根据零件图样要求、毛坯材料，确定工艺方案及加工路线

1）由于该零件属于薄壁易变形零件，为减少夹紧变形，可采用软爪卡盘夹紧定位。该零件内、外圆同轴度公差为 ϕ0.02mm，一次装夹完成内、外圆加工可保证该同轴度公差要求。ϕ18mm 内孔可用钻削加工，$\phi19.2^{+0.1}_{0}$mm 孔和 ϕ28mm 孔可用镗削加工。

2）如图 5-5 所示，工件零点的位置与设计基准重合，在工件端面处。

3）工步顺序。薄壁零件在加工中常因夹紧力、切削力、内应力和切削热等因素的影响而产生变形，为了防止变形，将粗、精加工分开进行。

① 车端面、外圆。选用一把刀具车削整个外表面，留精加工余量 0.2mm。

② 钻中心孔，钻 ϕ12mm 内孔，扩 ϕ18mm 内孔。

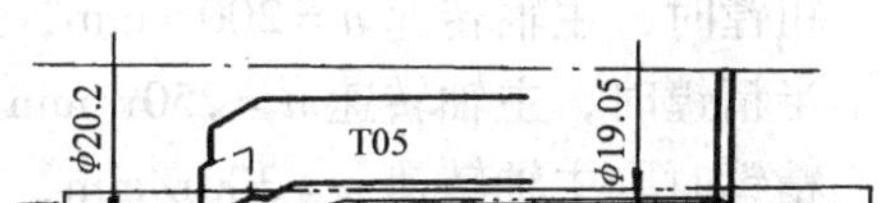

图 5-6　半精镗内表面进给路线

③ 粗镗内锥面及半精镗其余内表面。即半精镗 $\phi19.2^{+0.1}_{0}$mm 内圆柱面、R2mm 圆弧面，粗镗内圆锥面。由于圆锥面余量较多，共分四次进给。进给路线如图 5-6 所示。

④ 精车外表面。

⑤ 精镗内表面。即精镗 $\phi19.2^{+0.1}_{0}$mm 内圆柱面、$R2$mm 圆弧，精镗内圆锥面及圆锥端面。

2. 选择机床设备

根据零件图样要求，本例选择在 FANUC Power Mate 0 系统数控车床上加工。

3. 选择刀具

根据加工要求，选用 7 把刀具，T01 为 90°粗车刀；T02 为 90°精车刀；T03 为割断刀；T04 为 $\phi3$mm 中心钻；T05 为内孔镗刀；T06 为 $\phi12$mm 钻头；T07 为 $\phi18$mm 钻头。通过对刀方式把刀偏值输入相应的刀具参数表中。

4. 确定切削用量

切削用量的选择，通常根据机床性能、相关的手册并结合实际经验确定。该零件材料为黄铜，刀具材料为硬质合金，通过查表法确定主轴转速和进给速度。查表得切削速度为 $v=150\text{m/min}$，根据公式得

$$n=1000\ v/\pi D\ =[1000\times150/(3.14\times45)]\text{r/min}=1000\text{r/min}$$

精车时，取 $n=1000$r/min，进给量 $F=0.1$mm/r。

粗车时，取 $n=800$r/min，进给量 $F=0.3$mm/r。

钻中心孔时，主轴转速 $n=1500$r/min，进给量 $F=0.05$mm/r。

钻 $\phi12$mm 孔时，主轴转速 $n=650$r/min，进给量 $F=0.15$mm/r。

钻 $\phi18$mm 孔时，主轴转速 $n=450$r/min，进给量 $F=0.2$mm/r。

粗镗时，主轴转速 $n=200$r/min，进给量 $F=0.4$mm/r。

半精镗时，主轴转速 $n=250$r/min，进给量 $F=0.15$mm/r。

精镗时，主轴转速 $n=300$r/min，进给量 $F=0.1$mm/r。

割断时，主轴转速 $n=350$r/min，进给量 $F=0.05$mm/r。

5. 编写加工程序

按该机床系统规定的指令代码和程序段格式，把加工零件的全部工艺过程编写成程序清单。加工程序如下：

```
O0003                                          程序号
G50 S1500                                      主轴最高限速为1500r/min
T0101 S800 M03                                 主轴转速为800r/min，刀具号T01
G00 X50 Z0                                     快速接近工件
G01 X0 F0.15                                   车端面
G00 Z2
G00 X45.2 Z2
G01 Z-58 F0.3                                  粗车外圆
G00 X46 Z2
G73 P10 Q20 I8 K2 U0.2 W0.1 D5 F0.3            平行轮廓粗车循环指令，X向精加工余量0.2mm，
                                               Z向精加工余量0.1mm，进给量为0.3mm/r
N10
G00 X30 Z2
```

```
G01 Z-26
G01 X35 Z-35.33
G01 Z-43.5
G02 X45 Z-48.5 R5
G01 Z-58
N20
G00 Z10
G00 X100 Z200                 回换刀点
T0404                         换中心钻,钻中心孔
M03 S1500
G00 X0 Z5
G01 Z-5 F0.05
G00 Z10
G00 X100 Z200
T0606                         钻 φ12mm 孔
M03 S650
G00 X0 Z5
G01 Z-20 F0.15
G01 Z-15
Z-40
Z-35
Z-60
G00 Z10
G00 X100 Z200
T0707                         扩 φ18mm 孔
M03 S450
G00 X0 Z5
G01 Z-60 F0.2
G00 Z10
G00 X100 Z200
T0505                         半精镗内表面
M03 S250
G00 X19.05 Z2
G01 Z-37.70 F0.15
X20.2 Z-39.84
Z-48.4
X18
G00 Z-33.8
G01 X19.05
```

```
X22.7 Z-40.65
Z-48.4
X18
G00 Z-29.97
G01 X19.05
X25.2 Z-41.45
X25.2 Z-48.3
X18
G00 Z-26.1
G01 X19.05
X27.7 Z-42.25
Z-46.93
G03 X24 Z-48.4 R1.9
G01 X18
G00 Z10
G00 X100 Z200
T0202
M03 S1000 F0.1
G70 P10 Q20                    精车外形轮廓
G00 X100 Z200
T0505                          精镗内表面
M03 S300
G00 X19.25 Z5
G01 Z-26 F0.1
X27.86 Z-42.17
G03 X28 Z-42.68 R2
G01 Z-46.5
G03 X24 Z-48.5 R2
G01 X18
G00 Z10
X100 Z200
T0303                          割断
M03 S350
G00 X50 Z-56
G01 X0 F0.05
G00 X100
Z200
M05
M30                            程序结束
```

第二节　数控铣床编程实例

数控铣床适合加工各种模具型腔（特别是三维模具型腔），冷冲模的凸模、凹模、固定板、卸料板等零件。通过数控指令实现加工过程自动化，可降低对操作工人的技能要求，且加工精度高，大大提高了生产效率。

一、凸模零件铣削

图 5-7 所示工件为平面结构的凸模零件，适合在数控铣床上加工。毛坯为 70mm × 50mm × 10mm 板材，六面已加工，材料为 Cr12。其中各点坐标分别为：*A*(−15.357,14.846)；*B*(−15.357,−14.846)；*C*(18.929,9.897)；*D*(18.929,−9.897)。

1. 根据零件图样要求、毛坯材料，确定工艺方案及加工路线

1）以已加工过的底面和侧面为基准，采用精密台虎钳装夹方式，一次装夹完成粗、精加工。

2）工步顺序为：

① 粗铣凸台外轮廓，侧面留 0.2mm 精铣余量。刀具路径如图 5-8 所示。

② 精铣外轮廓如图 5-8 所示，采用直线边的延长线方向切入、切出的方法加工，以保证零件轮廓加工精度。

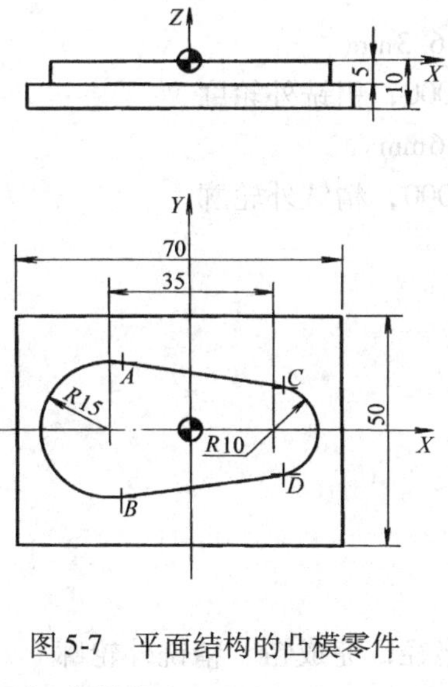

图 5-7　平面结构的凸模零件

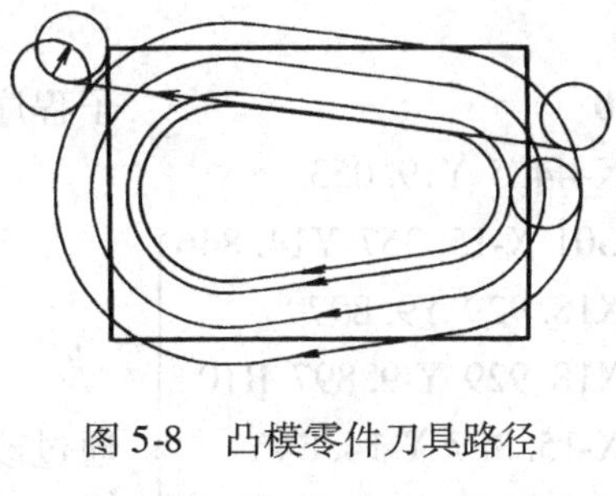

图 5-8　凸模零件刀具路径

2. 选择机床设备

根据零件图样要求，本例选择在 FANUC 0i-MA 系统数控铣床上加工。利用刀补功能 G41/G40，通过改变刀具半径，实现零件的粗、精加工。

3. 选择刀具

该零件材料比较硬，选用 ϕ12mm 硬质合金立铣刀，定义为 T01 号刀具。通过对刀方式把刀偏值输入相应的刀具参数表中。

4. 确定切削用量

切削用量的选择，通常根据机床性能、相关的手册并结合实际经验确定。

该零件材料为Cr12，刀具材料为硬质合金立铣刀。通过查表法确定主轴转速和进给量。查表得切削速度 $v=35\sim60\text{m/min}$，取 $v=50\text{m/min}$，$\phi12\text{mm}$ 刀具每齿进给量 $S=0.05\text{mm/齿}$。根据公式得

$$n=1000v/\pi D=[1000\times50/(3.14\times12)]\text{r/min}=1326\text{r/min}$$

$$F=2S\times n=2\times0.05\times1200\text{mm/min}=120\text{mm/min}$$

精加工时，取 $n=1200\text{r/min}$，进给量取 $F=120\text{mm/min}$。

粗加工时，取 $n=900\text{r/min}$，进给量取 $F=140\text{mm/min}$。

5. 编写加工程序

按该机床系统规定的子程序调用功能和刀补功能，实现零件的粗、精加工。加工程序如下：

```
O2000                          主程序号
T1 D1 M03 S900                 D1 中的半径为 6mm
G54 G00 X-45 Y22 Z5 M08
G01 Z-5 F60          ┐
G01 X40 Y22 F140     │
G00 Y-22             ├         粗铣外轮廓
G01 X-45             │
G00 Z5               ┘
T1 D2                          D2 中的半径为 6.3mm
M98 O1000                      调用子程序 O1000，粗铣外轮廓
T1 D1 M03 S1200 F120           D1 中的半径为 6mm
M98 O1000                      调用子程序 O1000，精铣外轮廓
G00 Z10 M09
M30                            程序结束

O1000                          子程序号
G00 X-44.5 Y19.053
G41 G01 X-15.357 Y14.846  ┐
G01 X18.929 Y9.897        │
G02 X18.929 Y-9.897 R10   │
G01 X-15.357 Y-14.846     ├    通过改变刀具半径，完成粗、精铣外轮廓
G02 X-15.357 Y14.846 R15  │
G01 X39.5 Y6.928          │
G40 G01 X46.5 Y5.918      ┘
G00 Z5
M99                            子程序结束
```

二、凹模零件铣削

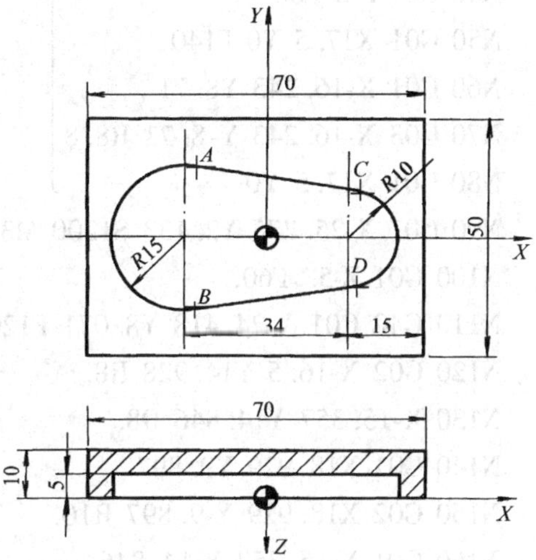

图 5-9　凹模零件

图 5-9 所示工件为平面结构的型腔类凹模零件，适合在数控铣床上加工。毛坯为 70mm × 50mm × 10mm 板材，六面已加工，材料为 Cr12。其中各点坐标分别为：$A(-15.357,14.846)$；$B(-15.357,-14.846)$；$C(18.929,9.897)$；$D(18.929,-9.897)$。

1. 根据零件图样要求、毛坯材料，确定工艺方案及加工路线

1）以已加工过的底面和侧面为基准，采用精密台虎钳装夹方式，一次装夹完成粗、精加工。

2）工步顺序为：

① 粗铣内轮廓。刀具路径如图 5-10 所示。

② 精铣内轮廓（采用沿切线方向切入、切出的方法加工，以保证零件轮廓加工精度，刀具路径如图 5-11 所示）。

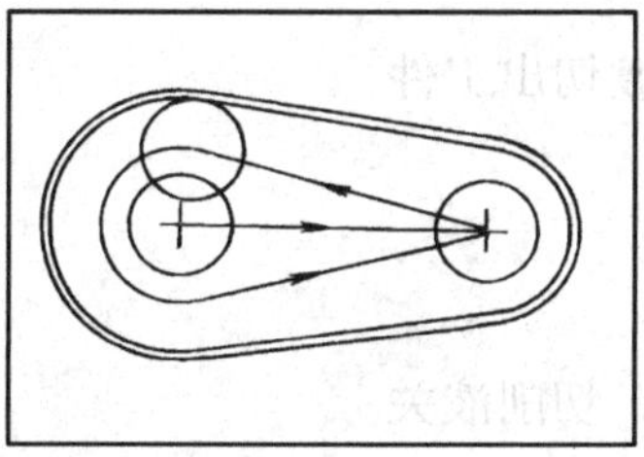
图 5-10　粗铣凹模零件刀具路径

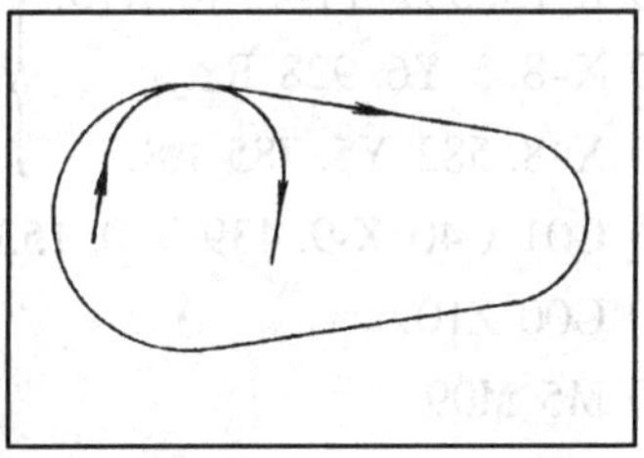
图 5-11　精铣凹模零件刀具路径

2. 选择机床设备

根据零件图样要求，本例选择在 FANUC 0i-MA 系统数控铣床上加工。

3. 选择刀具

该零件材料比较硬，选用 ϕ12mm 硬质合金立铣刀，定义为 T01 号刀具。通过对刀方式把刀偏值输入相应的刀具参数中。

4. 确定切削用量

切削用量的选择，通常根据机床性能、相关的手册并结合实际经验确定。该零件材料为 Cr12，刀具材料为高速钢。通过查表法确定主轴转速和进给速度。具体切削用量参数同上例。

5. 编写加工程序

按该机床系统规定的指令代码和程序段格式，把加工零件的全部工艺过程编写成程序清单。加工程序如下：

O3000

N10 T1 D1	1 号刀，刀具半径为 6mm
N20 M03 S900	主轴正转，转速为 900r/min
N30 G54 G00 X-17.5 Y0 Z5 M8	刀具快速接近工件，打开切削液

```
N40 G01 Z-5 F60                          ⎫
N50 G01 X17. 5 Y0 F140                   ⎪
N60 G01 X-16. 243 Y8. 71                 ⎬ 粗铣内轮廓
N70 G03 X-16. 243 Y-8. 71 R8. 8          ⎪
N80 G01 X17. 5 Y0                        ⎭
N90 G01 X-25. 275 Y2. 133 S1200 M3
N100 G01 Z-5. F60.                       ⎫
N110 G42 G01 X-24. 418 Y8. 071 F120.     ⎪ 加上刀补
N120 G02 X-16. 5 Y14. 928 R8.            ⎪ 用圆弧过渡切入工件
N130 X-15. 357 Y14. 846 R8.              ⎪
N140 G01 X18. 929 Y9. 897                ⎬
N150 G02 X18. 929 Y-9. 897 R10.          ⎪ 精铣内轮廓
N160 G01 X-15. 357 Y-14. 846             ⎪
N170 G02 X-17. 5 Y-15. R15.              ⎪
N180 X-32. 5 Y0. R15.                    ⎭
N190 X-17. 5 Y15. R15.
N200 X-15. 357 Y14. 846 R15.             ⎫
N210 X-8. 5 Y6. 928 R8.                  ⎬ 用圆弧过渡切出工件
N220 X-8. 582 Y5. 785 R8.                ⎭
N230 G01 G40 X-9. 439 Y-0. 153             取消刀补
N240 G00 Z10.
N250 M5 M09                                主轴停转，切削液关
N260 M30                                   程序结束
```

第三节 加工中心编程实例

在加工中心上加工时，一次装夹可以完成铣、钻、扩、铰、镗、攻螺纹等多道工序的加工。不仅能加工工作型面、型腔，还能同时加工固定螺孔和销孔，特别适合加工非平面结构的三维复杂形状的型腔类模具零件。

一、凹字模零件加工

图5-12所示工件为凹字模零件，毛坯尺寸为120mm×100mm×30mm，六面已加工，材料为Cr12。

1. 根据零件图样要求、毛坯材料，确定工艺方案及加工路线

1）以已加工过的底面和侧面为基准，采用精密台虎钳装夹方式，一次装夹完成字形、螺孔和销孔加工。

2）工步顺序为：

① 加工字形。使用CAD/CAM软件自动生成字形粗、精加工程序。刀具路径如图5-13所示。

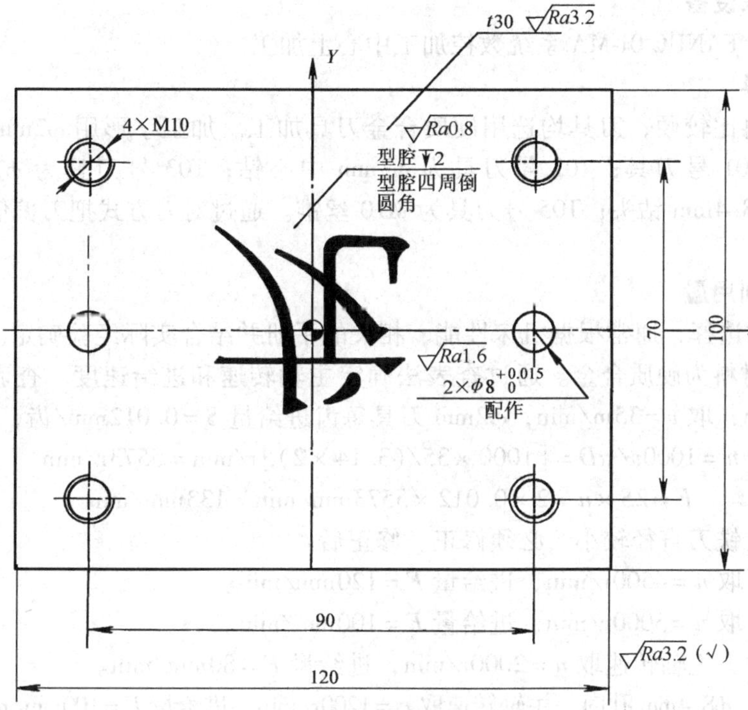

图 5-12　凹字模零件

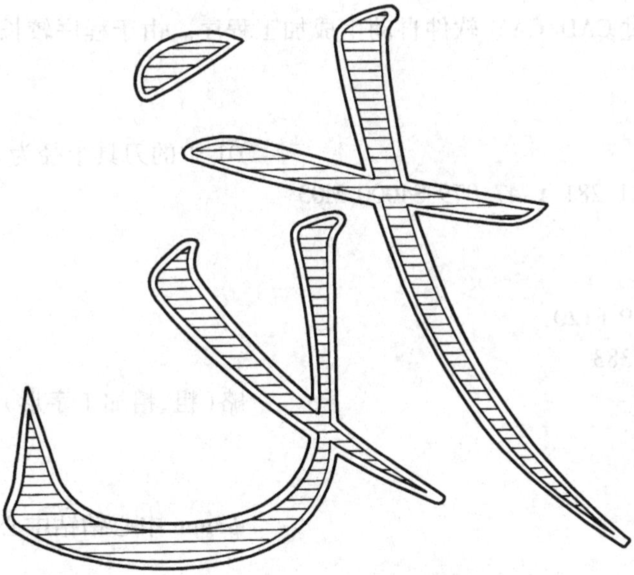

图 5-13　凹字模零件刀具路径

② 钻中心孔。

③ 钻 ϕ8mm 销孔底孔至 ϕ7.8mm。

④ 钻 M10 螺孔底孔 ϕ8.4mm。

⑤ 攻螺纹 M10。

2. 选择机床设备

本例选择在 FANUC 0i-MA 系统数控加工中心上加工。

3. 选择刀具

该零件材料比较硬，刀具均选用硬质合金刀具加工。加工字形用 ϕ2mm 两刃键槽立铣刀，定义为 T01 号刀具；T02 号刀具为 ϕ3mm 中心钻；T03 号刀具为 ϕ7.8mm 钻头；T04 号刀具为 ϕ8.4mm 钻头；T05 号刀具为 M10 丝锥。通过对刀方式把刀偏值输入相应的刀具参数表中。

4. 确定切削用量

切削用量的选择，通常根据机床性能、相关的手册并结合实际经验确定。该零件材料为 Cr12，刀具材料为硬质合金。通过查表法确定主轴转速和进给速度。查表得切削速度 $v=35\sim60\text{m/min}$，取 $v=35\text{m/min}$，ϕ2mm 刀具每齿进给量 $S=0.012\text{mm/齿}$，根据公式得

$$n=1000v/\pi D=[1000\times35/(3.14\times2)]\text{r/min}=5573\text{r/min}$$

$$F=2S\times n=2\times0.012\times5573\text{mm/min}=133\text{mm/min}$$

由于 ϕ2mm 铣刀直径较小，必须修正。修正后：

粗加工时，取 $n=4500\text{r/min}$，进给量 $F=120\text{mm/min}$。

精加工时，取 $n=5000\text{r/min}$，进给量 $F=100\text{mm/min}$。

钻中心孔时，主轴转速取 $n=2000\text{r/min}$，进给量 $F=80\text{mm/min}$。

钻 ϕ7.8mm、ϕ8.4mm 孔时，主轴转速取 $n=1200\text{r/min}$，进给量 $F=100\text{mm/min}$；

攻螺纹时，主轴转速取 $n=100\text{r/min}$。

5. 编写加工程序

加工字形是通过 CAD/CAM 软件自动生成加工程序。由于程序较长，这里部分程序略写。加工程序如下：

```
O4000
T1 D1 M6                                      D1 中的刀具半径为 1mm
G0 G90 G54 X21.281 Y-47.079 S4000 M03
Z10. M8
G1Z-2. F60
X21.284 Y-46.9 F120
X21.293 Y-46.383
…                                             略(粗、精加工字形)
…
…
G00 Z10 T2 D2                                 φ3mm 中心钻钻中心孔
M03 S2000
G90 G99 G81 X-45 Y35 Z-3 R5 F80               用钻孔循环指令钻中心孔,返回 R 平面
X45 Y35 ┐
Y0      │
Y-35    ├                                     另 5 个孔的位置
X-45    │
G98 Y0  ┘                                     返回初始平面
```

```
G80                                        钻孔循环结束
G28 Z10 T3
M06
D3 M03 S1200                               换 3 号刀钻 φ7.8mm 销孔底孔
G90 G99 G83 X-45 Y0 Z-35 R5 Q10 F100       用钻孔循环指令钻销孔底孔
X45
G80                                        钻孔循环结束
G28 Z10 T4
M06
D4 M03 S1200                               换 4 号刀钻螺孔底孔
G90 G99 G83 X45 Y35 Z-35 R5 Q10 F100       钻 φ8.4mm 螺孔底孔
X45 Y-35
X-45 Y-35
X-45 Y35
G80
G28 Z10 T5
M06
D5 M03 S100                                换 5 号刀 M10 丝锥
G90 G99 G84 X45 Y35 Z-35 R5 P10 F150       用攻螺纹循环加工螺纹 M10
X45 Y-35
X-45 Y-35
X-45 Y35
G80                                        攻螺纹循环结束
G00 Z10 M05 M09
M30                                        程序结束
```

二、凸轮零件加工

图 5-14 所示工件为凸轮零件，毛坯为 74mm × 80mm × 15mm 板材，六面已加工，材料为 Cr12。其中各点坐标分别为：A(0.000,38.000)；B(−9.146,33.111)；C(−21.618,14.444)；D(−21.618,−14.444)；E(−9.146,−33.111)；F(0.000,−38.000)。

1. 根据零件图样要求、毛坯材料，确定工艺方案及加工路线

1）以已加工过的底面和侧面为基准，采用精密台虎钳装夹方式，一次装夹完成凸轮外形及孔的加工。

2）工步顺序为：

① 粗加工凸轮外形，侧面留 0.5mm 精铣余量。刀具路径如图 5-15 所示。

② 精加工凸轮外形（采用沿切线方向切入、切出的方法加工，以保证零件轮廓精度）。

③ 钻 4 个 φ2mm 中心孔。

④ 钻 4 个 φ10mm 孔。

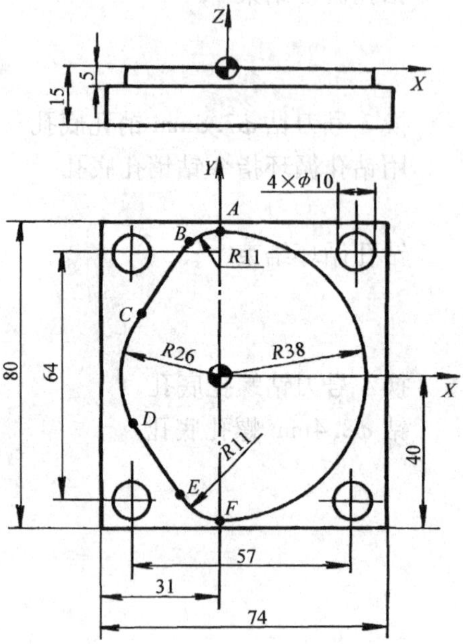

图 5-14 凸轮零件

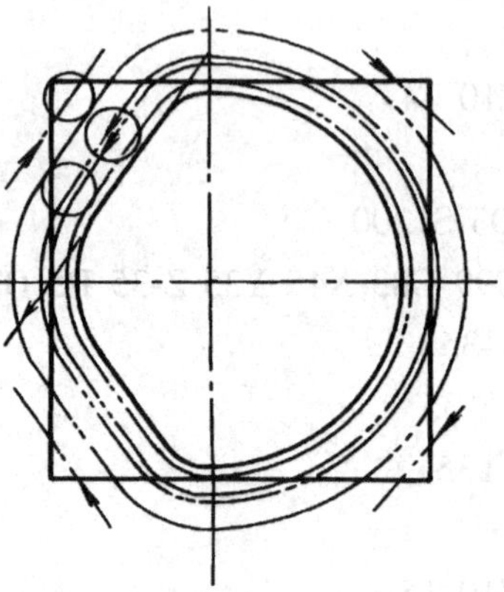

图 5-15 凸轮零件刀具路径

2. 选择机床设备

本例选择在 FANUC 0i-MA 系统数控加工中心上加工。

3. 选择刀具

该零件材料比较硬，选用 ϕ12mm 硬质合金立铣刀加工，定义为 T01 号刀具；T02 号刀具为 ϕ3mm 中心钻；T03 号刀具为 ϕ10mm 钻头。通过对刀方式把刀偏值输入相应的刀具参数表中。

4. 确定切削用量

切削用量的选择见凸模零件铣削与上例。

5. 编写加工程序

按该机床系统规定的指令代码和程序段格式，把加工零件的全部工艺过程编写成程序清单。加工程序如下：

O5000 主程序名

T1 D1 M06 D1 中的刀具半径设为 6mm

M03 S900

G54 G00 X-38 Y20. 53 Z5 M08

G01 Z-5 F60

G01 X-20. 26 Y47 F140

G00 X29. 63

G01 X50 Y27. 07

G00 Y-24. 80

G01 X31. 18 Y-47

G00 X-20. 91

（以上 G54 G00 X-38 Y20. 53 Z5 M08 至 G00 X-20. 91：粗铣 4 个角的余量）

```
G01 X-38 Y-21.43 }
G00 Z5           }          粗铣 4 个角的余量
T1 D2                       D2 中的刀具半径设为 6.5mm，进行粗加工
M98 P6000                   调用子程序，进行粗加工
T1 D1                       D1 中的刀具半径设为 6mm，完成精加工
M03 S1200 F120              精加工的主轴转速和进给速度
M98 P6000                   调用子程序，完成精加工
G28 Z10 T2                  换 T02 号刀具 φ3mm 中心钻
M06
D3 M03 S2000
G90 G99 G81 X-22.5 Y-32 Z-3 R6 F80    钻中心孔
Y32
G91 X57
Y-64
G90 G80
G28 Z10 T3
M06
D4 M03 S650                 换 T03 号刀具 φ10mm 钻头
G90 G99 G81 X-22.5 Y-32 Z-18 R10 F60  钻 4 个 φ10mm 孔
Y32
G91 X57
Y-64
G90 G80                     钻孔循环结束
G00 Z20 M09
M05 M30                     程序结束
O6000                       子程序名
G00 X0.13 Y47               }
G01 Z-5                     }
G42 G01 X-9.15 Y33.11       }
G01 X-21.62 Y14.44          }
G03 X-21.62 Y-14.44 R26     }
G01 X-9.15 Y-33.11          }  精加工凸轮轮廓
G03 X0 Y-38 R11             }
G03 X0 Y38 R38              }
G03 X-9.15 Y33.11 R11       }
G01 X-38 Y-10.07            }
G40 G01 X-50 Y-10.07        }
G00 Z10 M09
M99                         子程序结束
```

复习思考题

1. 用数控铣床指令编写图5-16所示零件的加工程序。

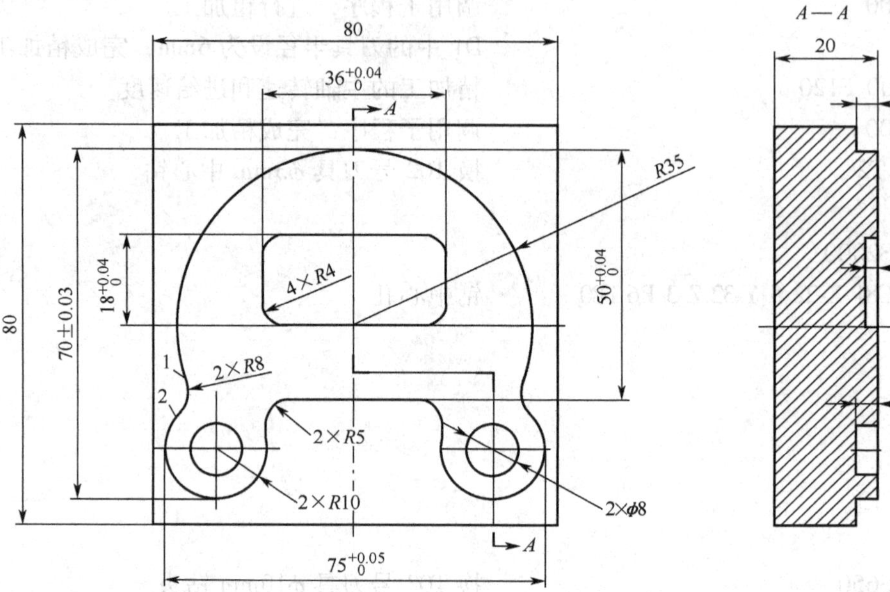

	X	Y
1	−33.347	−10.630
2	−34.983	−18.366

技术要求：
1. 未注公差按IT13。
2. 锐边去毛刺。
3. 图中节点坐标可参考左侧表。
4. 材料：硬铝。

图5-16 内轮廓型腔零件

2. 用数控车床指令编写图5-17a、b、c所示三种零件的加工程序。

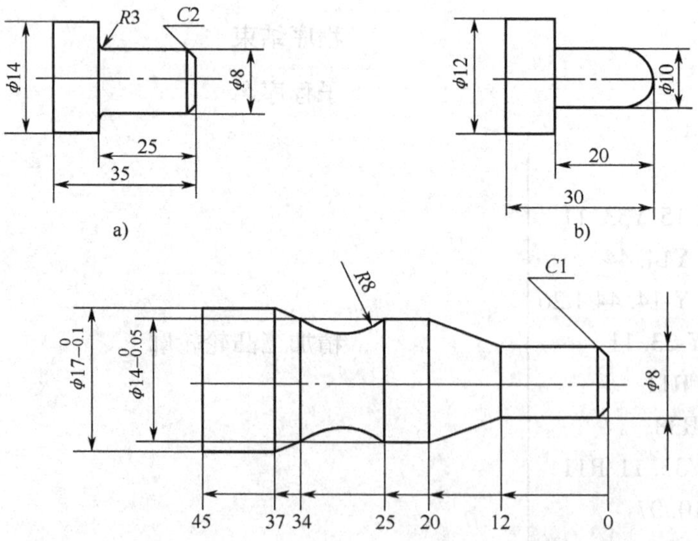

技术要求：
图中零件表面粗糙度
*Ra*值为3.2μm。

图5-17 数控车床零件图

3. 用加工中心编写图 5-18 所示零件的加工程序。

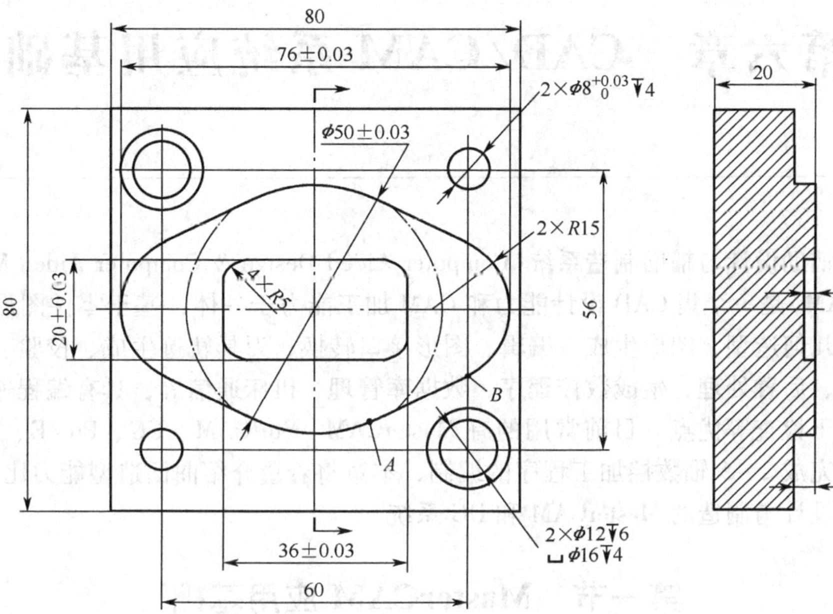

	X	*Y*
A	10.870	−22.513
B	29.522	−13.508

技术要求：
1. 未注公差按 IT13。
2. 锐边去毛刺。
3. 图中节点坐标可参考左侧表。
4. 材料：硬铝。

图 5-18　加工中心零件图

第六章　CAD/CAM 系统应用基础

计算机辅助设计与辅助制造系统(Computer Aided Design & Computer Aided Manufacturing,CAD/CAM)是一个集 CAD 设计能力和 CAM 加工能力于一体，基于零件图形的编程系统，可进行几何造型、图形生成、编辑、图形接口转换、刀具轨迹生成、校验、编辑、加工过程仿真、后置处理、生成数控程序、数据库管理、机床通信等，具有编程速度快、直观性好、便于检查等优点。目前常用的有 MasterCAM、SurfCAM、UG、Pro/E、SolidWorks 等，通常可完成 2 ~ 5 轴数控加工程序的编制，本章将着重介绍曲面造型能力比较强大的、适合于模具设计与制造的 MasterCAM 和 UG 系统。

第一节　MasterCAM 应用基础

本节介绍的 MasterCAM 软件是美国 CNC 公司开发的基于 PC 平台的 CAD/CAM 软件，MasterCAM 既可以进行产品的零件设计，并且根据设计的零件通过交互式的图形编程产生数控指令，亦可以通过中性文件如 STEP 格式和 IGES 格式的图形文件，或专用的数据接口与其他 CAD 软件进行图形数据交换。该软件的特点是对硬件的要求不高、易学易用、操作方便，具有友好简洁的图形界面、良好的性能价格比、CAD/CAM 一体化、多种加工方式、功能强大，满足企业的 2 ~ 5 轴的数控编程，所以自 1984 年问世以来便在企业尤其是中小企业得到了广泛的应用。由于篇幅限制，本节对 MasterCAM 的二维绘图只作简要介绍，对三维造型只作概述，重点介绍常用的数控编程部分。

一、MasterCAM 绘图简介

(一) MasterCAM 的工作界面

如图 6-1 所示，MasterCAM 的工作界面主要包括标题栏、工具栏、菜单区、绘图区、信息提示区等。

(1) 标题栏　MasterCAM 工作界面的顶部为标题栏，显示当前打开文件的路径、文件名、调用 MasterCAM 模块的名称。

(2) 工具栏　工具栏由一排功能按钮组成，将鼠标指针停留在按钮上，会出现该按钮的功能名称，也可以通过单击◀和▶按钮显示不同的工具栏。

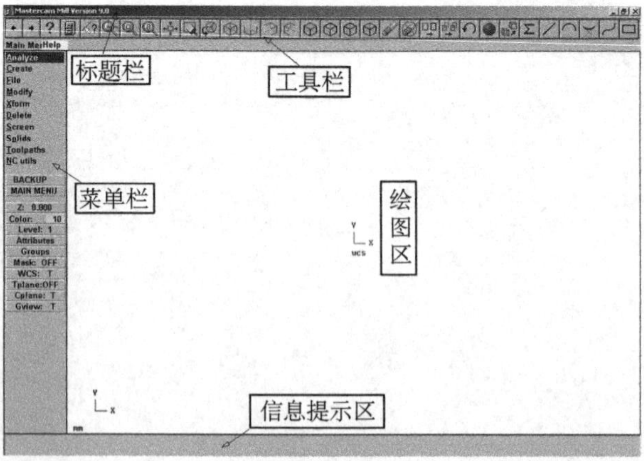

图 6-1　工作界面

(3) 菜单栏 MasterCAM 菜单区在工作界面的左边，左上部是主菜单，包含了 MasterCAM 的主要功能，单击菜单指令，进入下一级子菜单。单击“BACKUP”按钮，又回到上一级父菜单。单击“MAIN MENU”按钮，则左上部显示主菜单指令。左下部是副菜单，用于设置构图深度、颜色、图层、刀具面、构图面、图形视角等。

(二) 文件管理

MasterCAM 经常管理的文件类型有：后缀为 exe 的可执行文件；后缀为 pst 的后置处理文件；后缀为 nc 的数控程序文件；后缀为 nci 的刀位文件；后缀为 mc9 的图形数据文件。

(三) 设置

在绘图时要对构图平面、绘图的颜色、图素所在的层以及构图平面深度进行设置。

1. 设置构图平面深度

构图平面是指当前绘图所在的平面，构图平面深度是指构图平面的 Z 轴坐标值，如设置了构图平面是“Top”，当 $Z=0$，即在 XY 平面上绘图；若 $Z=20$mm，则 XY 构图平面平移至 $Z=20$mm 的平面上。绘二维图时，一般定义构图平面深度 $Z=0$。

2. 绘图颜色

用一个颜色或从色板中用鼠标选取颜色，定义所绘图素的颜色。

3. 图层管理

MasterCAM 的点、线、圆等图素都有其对应的图层，图层相当于许多透明的绘图纸叠加在一起，有不同的名称、颜色和线型。绘图时，把图素放在不同的图层上，有利于以后图形的编辑。

4. 坐标系

MasterCAM 采用两种坐标系统：一种是世界坐标系(绝对坐标系)；一种是工作坐标系(相对坐标系)。

(1) 世界坐标系 用右手定则确定坐标系的方向，即拇指、食指、中指相互垂直，拇指所指的方向是 X 轴正方向；食指所指的方向是 Y 轴正方向；中指所指的方向是 Z 轴正方向。世界坐标系原点，也称系统原点(System Origin)，该原点是固定的，一般构图和编程的原点与系统原点一致。MasterCAM 软件是第三角投影，所以“Top”视图(俯视图)是面对 Z 轴正方向投影到 XY 平面；“Front”视图(前视图或主视图)是面对 Y 轴负方向投影到 XZ 平面；“Side”视图(右视图)是面对 X 轴正方向投影到 YZ 平面。由于绘图者习惯在第一象限平面绘图，所以引进了工作坐标系。

(2) 工作坐标系 该坐标系根据构图的要求确定空间的位置，工作坐标系原点，也称构图原点(Construction Origin)，在绘图时也可以自定义一个不同于系统原点的坐标原点。如设置 WCS 为“Front”视图，构图平面设置为“Top”视图，则工作坐标系的 XY 面是“Front”视图，构图平面在工作坐标系的 XY 平面上。

5. 设置刀具平面“Tplane”

刀具平面是产生刀具轨迹的二维平面，表示 CNC 机床的 XY 轴和原点。当刀具平面关闭时，MasterCAM 在俯视图“Top”产生刀具轨迹。在二维绘图和编程时，一般将刀具平面设置成 OFF(关)或与构图平面一致(=Cplane)。

6. 构图平面

构图平面的设置在三维造型时非常重要，构图平面永远是XY平面，且X轴正向朝右；Y轴正向朝上；Z轴正向朝绘图者，这就是构图平面的深度是由Z坐标的值决定的原因。构图平面可以根据需要设置在三维空间的任何位置，设置构图平面以后，所绘制的图形就出现在该平面上。构图平面实际上只确定了绘图的平面方向，如设置构图平面为俯视图“Top”，则表示其构图平面平行于世界坐标系的XY平面，但具体的位置即构图平面与原点的距离由构图平面深度决定，所以绘图位置受构图平面和构图平面深度的影响。注意：设置了构图平面后，从键盘上输入的三维坐标只有X、Y有效，Z坐标则由构图平面深度决定。如果要求Z坐标，则必须将构图平面设置为“3D”选项。在新的构图平面建立后，如有必要可按“Alt + O”键确定新的坐标原点。二维绘图时，一般设定俯视图“Top”为构图平面。

7. 图形视角

图形视角表示目前在屏幕上观察图形的角度。常用的有俯视图“Top”、前视图“Front”（即主视图）、侧视图“Side”（即右视图）和轴测图“Isometric”。图形视角设置为俯视图“Top”，用户面对Z轴正方向观察图形；图形视角设置为前视图“Front”（即主视图），用户面对Y轴负方向观察图形；图形视角设置为侧视图“Side”（即右视图），用户面对X轴正方向观察图形。

（四）绘图命令

1. 绘制点

（1）指定位置绘点　点是图素的基本单位，点构成直线或曲线。点的坐标输入格式是：X，Y，Z，如X25，Y-18，Z9或25，-18，9。系统是严格按照上述顺序接受坐标值，同时还可以定图素的特殊点，如：

1）将点定在原点“Origin”上。

2）将点定在圆心“Center”上。

3）将点定在端点“Endpoint”上。

4）将点定在交点“Intersec”上。

5）将点定在中点“Midpoint”上。

6）将点定在任意位置“Sketch”上。

（2）绘等分点　在指定的图素上绘制一系列等距离的点，图素可以是直线、圆、圆弧、Spline曲线等。

（3）沿图素指定长度绘点　在所选择的直线、圆弧或Spline曲线上，在离端点一定距离处绘制一个点。

2. 绘制直线

（1）绘制水平线　如图6-2所示，绘制水平线。

（2）绘制垂直线　如图6-3所示，绘制垂直线。

（3）绘制二端点线段　如图6-4所示，绘制二端点线段。

（4）绘制连续线段　如图6-5所示，绘制连续线段。

（5）绘制切线　绘制切线的类型有以下3种：

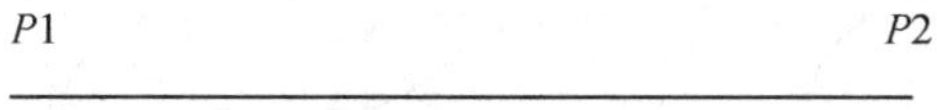

图 6-2 绘制水平线

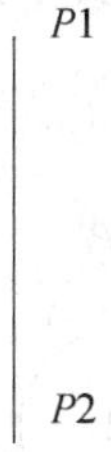

图 6-3 绘制垂直线

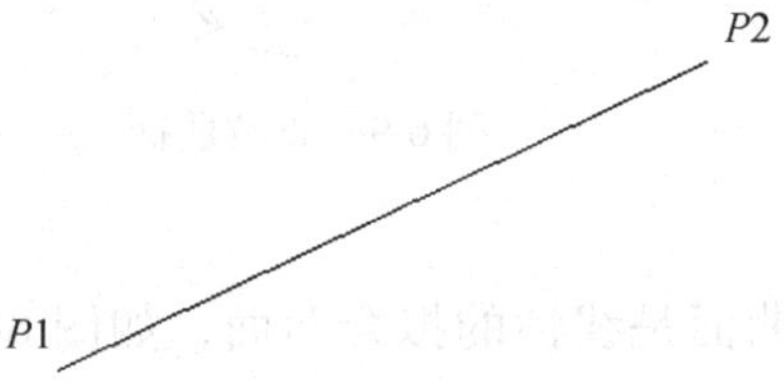

图 6-4 绘制二端点线段

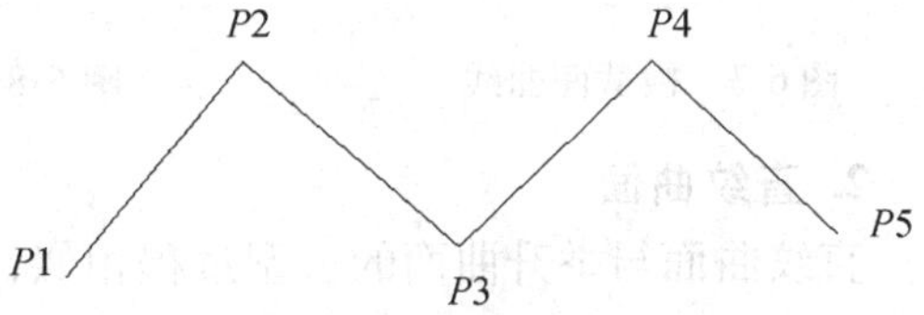

图 6-5 绘制连续线段

1）“Angle”。选取圆弧或 Spline 曲线，此时在屏幕绘图区出现两个满足条件的切线，用鼠标选取需要保留的切线，另一切线系统会自动删除。

2）“2 arcs”。分别选取两个圆弧或 Spline 曲线，在选择点处会产生与两个圆弧或 Spline 曲线相切的切线。

3）“Point”。选取圆弧或 Spline 曲线，在屏幕上定义一点 *P*1，输入切线的长度(默认的长度是 *P*1 点到切点的距离)。

3. 绘制圆弧

（1）3 点绘弧　选取 *P*1、*P*2、*P*3 点，就会产生图 6-6 所示的圆弧，*P*1 点是圆弧的起点，*P*3 点是圆弧的终点。

（2）圆心、半径画圆　输入圆的半径，选取圆心点 *P*1，在屏幕绘图区就会出现以 *P*1 点为圆心的圆。

（3）圆心、直径画圆　输入圆的直径，选取圆心点 *P*1，在屏幕绘图区就会出现以 *P*1 点为圆心的圆。

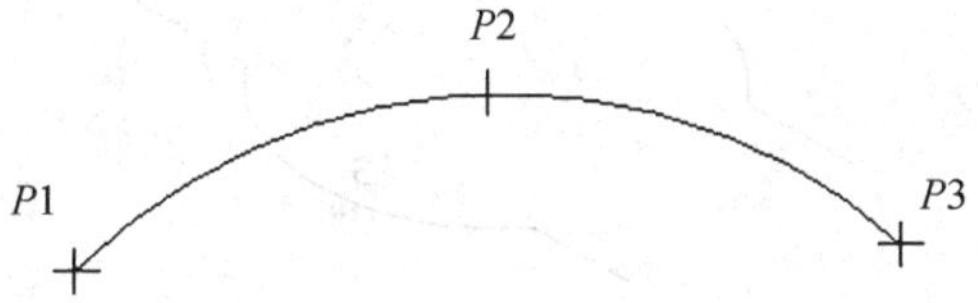

图 6-6 3 点绘弧

（4）圆心、过圆上一点画圆　选取圆心点 *P*1，再选取过圆上一点 *P*2，在屏幕绘图区就会出现以 *P*1 点为圆心且过圆上一点 *P*2 的圆。

（五）曲面造型

MasterCAM 软件的造型方法分为实体造型和曲面造型，其中实体造型可以进行基本几何体的布尔运算，造型方便，而曲面造型则更加灵活。MasterCAM 曲面主要分为昆氏曲面、直纹曲面、举升曲面、扫描曲面、拉伸曲面、旋转曲面、规则曲面(如圆柱面、球面、环面、立方面、圆锥面等)。

1. 举升曲面

举升曲面是拟合一组由线、圆弧、3D 曲线构成的横截面曲线而形成的曲面。如将图

6-7 所示的横截面曲线 $P1$、$P2$、$P3$，拟合成图 6-8 所示的举升曲面。

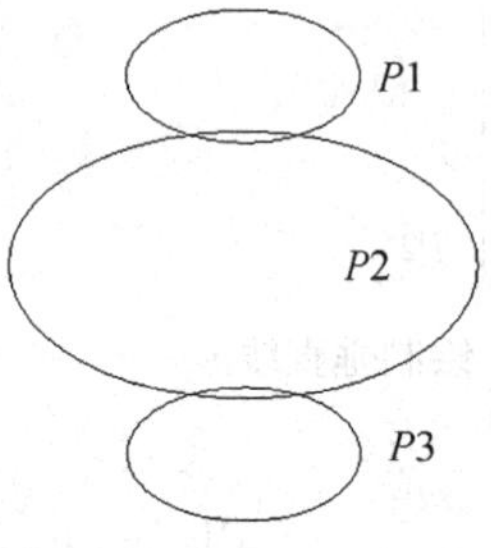

图 6-7　横截面曲线

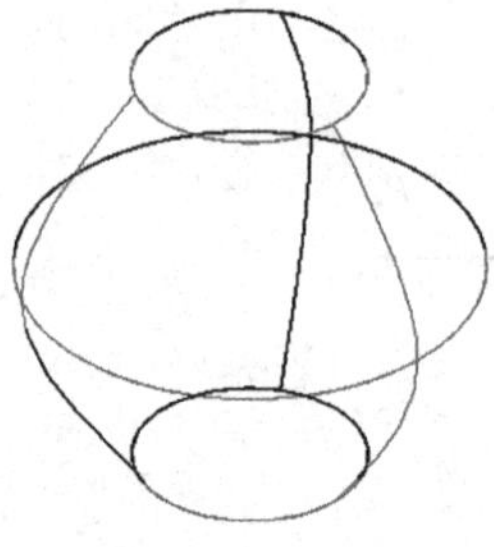

图 6-8　举升曲面

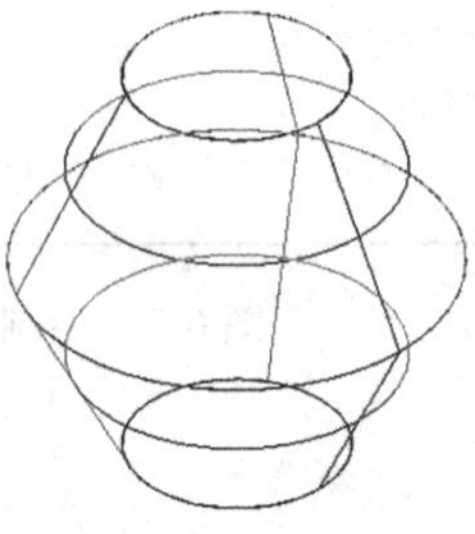

图 6-9　直纹曲面

2. 直纹曲面

直纹曲面与举升曲面的造型过程相似，只不过直纹曲面是线性的拟合曲面，如图 6-9 所示。

3. 扫描曲面

扫描曲面是选择一组横截面曲线沿着一个导向路径扫描，或一个横截面曲线沿着两个导向路径扫描而形成的曲面，如图 6-10 所示，形成的扫描曲面如图 6-11 所示。

4. 拉伸曲面

拉伸曲面是将一条横截面曲线沿着一个角度拉伸一段距离形成的曲面，拉伸曲面可用于有拔模斜度的零件。首先选择横截面曲线，如图 6-12 所示，然后输入拉伸距离和拉伸角度，完成曲面造型，如图 6-13 所示。

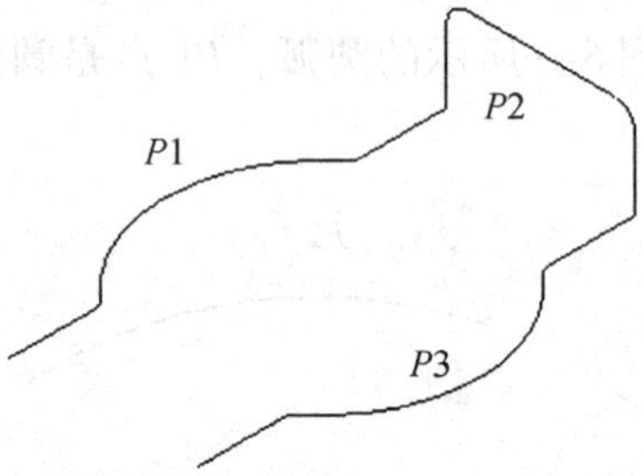

图 6-10　横截面曲线沿着两个导向路径

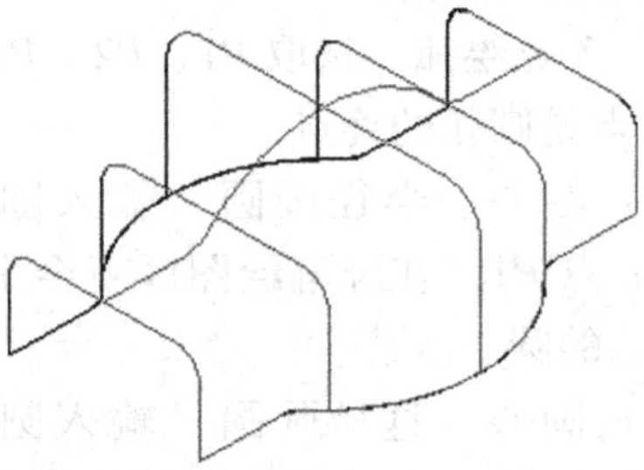

图 6-11　扫描曲面

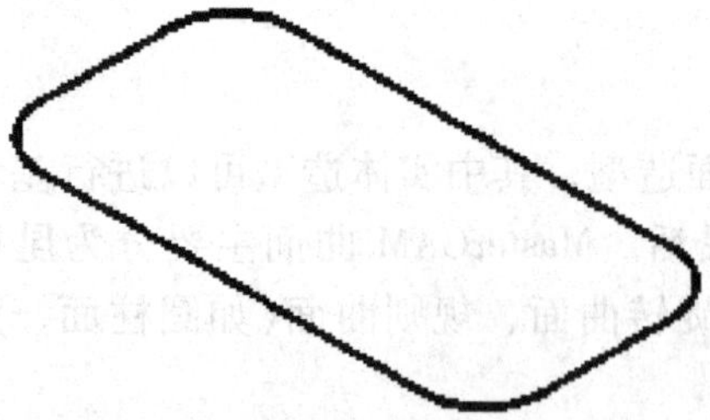

图 6-12　横截面曲线

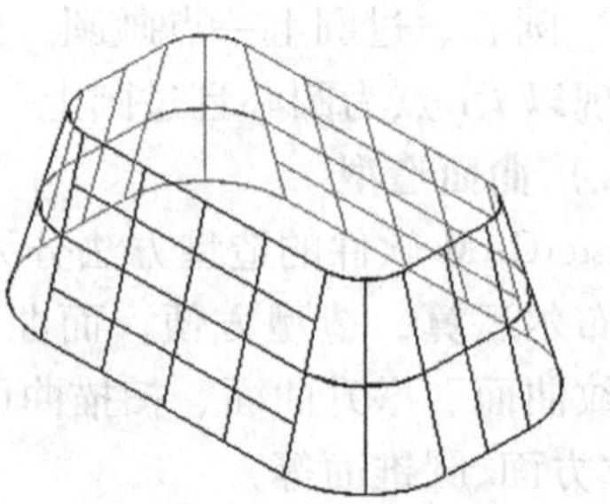

图 6-13　拉伸曲面

5. 旋转曲面

旋转曲面是由一条母线绕轴线旋转而形成的曲面。首先选择母线 *P*2，然后选择轴线 *P*1，如图 6-14 所示，此时用户可以选择旋转起始角度及终止角度，如图 6-15 所示，起始角度为 0°，终止角度为 180°。

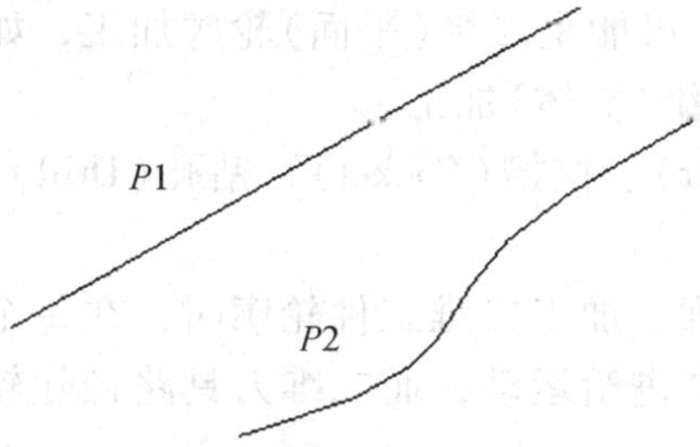

图 6-14　母线与轴线

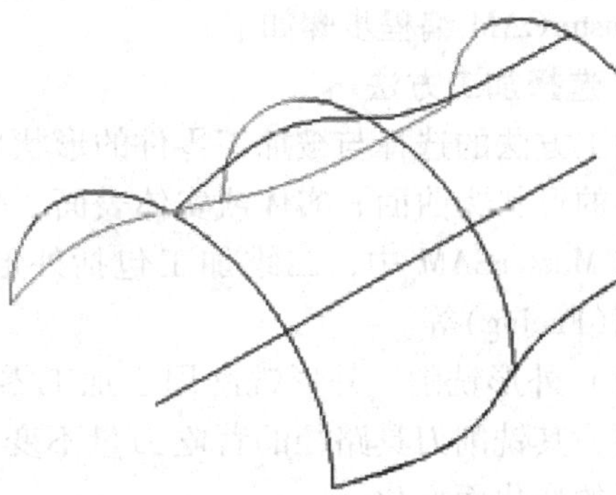

图 6-15　旋转曲面

6. 昆氏曲面

昆氏曲面是由首尾相连的 4 条曲线生成的不规则曲面，如图 6-16 所示。先选择左上角相交的曲线 *P*1、*P*3，然后选择右下角的曲线 *P*2，系统自动串连 *P*1、*P*2、*P*3、*P*4，形成的昆氏曲面如图 6-17 所示。

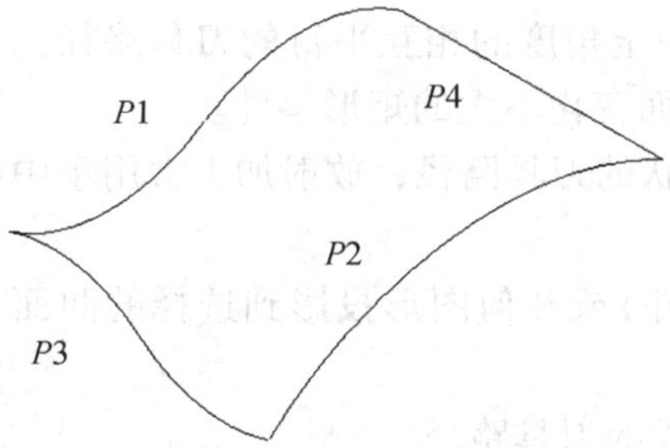

图 6-16　昆氏曲面的曲线

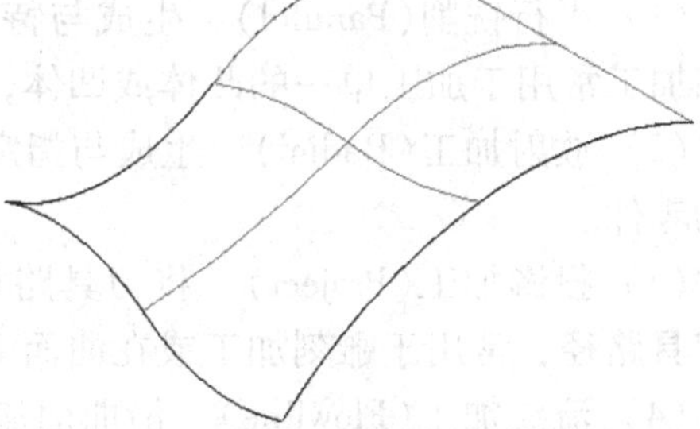

图 6-17　昆氏曲面

（六）图形文件交换

MasterCAM 除了本身能进行 CAD 设计外，还可以读、写 IGES、STEP、Parasolid 格式的文件与其他 CAD 软件进行图形文件的交换，也可以通过专用的数据接口直接读、写 AutoCAD、Pro/E 的图形文件，这样可以在其他 CAD 软件中进行零件造型，然后在 MasterCAM 中编程。

先选择要交换的文件数据格式，再选择读入该格式的文件“Read file”；写该格式的文件“Write file”；将指定目录下的该格式的文件转换成 MasterCAM 文件格式（后缀是 mc9 的图形数据文件）“Read dir”；将指定目录下的 MasterCAM 格式文件转换成该格式的文件“Write dir”。

二、MasterCAM 编程步骤

MasterCAM 与一般的 CAD/CAM 系统采用同样的办法生成机床数控系统的 NC 代码，

即当CAD完成零件的几何形状后，由CAM根据零件的外形及设置的工艺参数生成刀位文件，即后缀为NCI的文件。该文件包含了刀具的路径坐标，以及加工信息，如进给速度、主轴转速、背吃刀量等。再通过后置处理将NCI文件转换成数控系统能够识别的数控指令，即后缀为NC的文件。

MasterCAM编程步骤如下：

1. 选择加工方法

加工方法的选择与被加工零件的形状(边界)有关，可能是二维(平面)轮廓加工，如果零件的形状为曲面、实体或实体表面，则需要进行三维(立体)加工。

在MasterCAM中，二维加工包括外形铣削(Contour)、挖槽(Pocket)、钻孔(Drill)、面铣削(Facing)等。

(1) 外形铣削　外形铣削用于加工零件的外形轮廓。加工二维工件轮廓时，在每个切削层，其铣削刀具路径的背吃刀量不变，即Z轴不作进给运动，而二维刀具路径随轮廓外形的变化而变化。

(2) 挖槽加工　挖槽加工主要是指铣削二维平面的凹槽。

(3) 钻孔加工　钻孔加工主要用于钻孔、镗孔和攻螺纹等加工。

(4) 面铣削　面铣削是将零件表面铣削一定深度后为下一次加工作准备。

加工曲面、实体或实体表面时，MasterCAM提供两大类曲面加工：粗加工(Rough)和精加工(Finish)。若进一步细分，MasterCAM提供7种粗加工和10种精加工。

7种曲面粗加工的功能如下：

(1) 平行铣削(Parallel)　生成与特定方向成一定角度的相互平行的刀具路径，平行铣削加工常用于加工单一的凸体或凹体，适用于曲面变化不大的矩形零件。

(2) 放射加工(Radial)　生成与指定点成放射状的刀具路径，放射加工常用于中心对称的零件。

(3) 投影加工(Project)　将刀具路径(NCI文件)或几何图形投影到选择的曲面上生成刀具路径，常用于雕刻加工或在曲面上挖槽。

(4) 流线加工(Flowline)　沿曲面流线方向生成的刀具路径。

(5) 等高外形加工(Contour)　沿曲面外形生成的刀具路径，其特点是加工路径产生在相同的等高线的轮廓上。

(6) 挖槽加工(Pocket)　加工几何外形封闭的轮廓槽，也可以加工工件的外轮廓。

(7) 插削加工(Plunge)　类似于钻孔的一种加工方法，能迅速去掉粗加工余量。

10种曲面精加工的功能如下：

(1) 浅平面加工(Shallow)　用于清除粗加工时残留的材料，在指定的曲面或平面上薄薄地去掉一层材料。

(2) 交线清角(Pencil)　清除曲面间的交线处遗留的残余材料。

(3) 清除残料(Leftover)　清除在以前加工中因刀具直径较大所遗留的残余材料。

(4) 环绕等距精加工(Scallop)　环绕等距精加工是按照加工面的轮廓生成环绕等距离的刀具路径，对曲面进行精加工。

(5) 陡斜面加工(Par. Steep)　清除曲面斜坡上残留的材料。

(6) 等高外形加工(Contour)　沿曲面外形生成的精加工刀具路径。

（7）平行铣削(Parallel) 生成与特定方向成一定角度的相互平行的精加工刀具路径。

（8）放射加工(Radial) 生成与指定点成放射状的精加工刀具路径。

（9）投影加工(Project) 将刀具路径(NCI 文件)或几何图形投影到选择的曲面上生成精加工刀具路径。

（10）流线加工(Flowline) 沿曲面流线方向生成的精加工刀具路径。

MasterCAM 还提供了多轴加工模块，用于生成四轴和五轴数控机床使用的 NC 文件。四轴数控机床是指刀具除了在 X、Y、Z 方向移动外，刀具轴还可以在垂直某一设定的方向上旋转。而五轴数控机床的刀具则可以在任意方向上旋转。

2. 刀具设置

加工中使用的刀具设置有三种途径：

1）用户可以直接从系统的刀具库中选择要使用的刀具(Get from library)。

2）可以选用刀具库中刀具外形，然后设置不同的参数来定义刀具。

3）用户也可以自己定义刀具的外形加入到刀具库中。

当用户在系统刀具库中选择了刀具类型(Tool Type)后，需要对该刀具参数进行设置时，不同类型的刀具，其参数选项内容有所不同，但其主要参数都是一样的。

（1）刀具编号(Tool#) 刀具在数控机床刀具库中的编号，数控机床的换刀指令要用到该编号。

（2）刀具半径补偿号(Dia) MasterCAM 刀具半径补偿有两种方法：计算机补偿和控制器补偿。计算机补偿是由 MasterCAM 计算刀具的中心轨迹。当由控制器补偿时，刀位轨迹在编程时不考虑刀具半径，加工前将刀具半径输入到数控机床的寄存器中，每个寄存器都有一个号码，该号码就是 Dia 的值。

（3）刀具长度补偿(Len) 在数控加工时，可能要用到几把刀具。刀具长度补偿就是在编程时，只考虑其中一把刀具的长度作为标准长度进行编程，其他刀具的长度与标准长度进行比较，其差值输入到数控机床的长度寄存器中，每个寄存器都有一个号码，该号码就是 Len 的值。

（4）XY 平面进给率(Feed rate) 单位是 mm/m。

（5）Z 方向刀具进给率(Plunge) 单位是 mm/m。

（6）提刀速度(Retract) 单位是 mm/m。

（7）刀具直径(Tool dia) 单位是 mm。

3. 工件设置(Job Setup)

1）工件的设置包括工件的大小、原点、材料等。MasterCAM 在定义工件尺寸时，工件的形状可以定义成立方体，在 Job Setup 对话框中直接输入工件尺寸 X、Y、Z，如图 6-18 所示，或在绘图区选取工件的两个角点(Select Corners)。

2）工件原点的坐标可以直接在 Stock Origin 输入框中输入，也可将光标移到 10 个特殊点之一的位置上选定(包括立方体的 8 个角点和上下面的中心点)。

3）工件材料的设置和刀具设置相似，用户可以直接从系统的材料库中选择所需要的材料，也可以设置不同的参数来定义材料。

4. 加工参数设置

除上述的共同参数外，MasterCAM 还提供专用参数，用来设置加工时刀具路径的

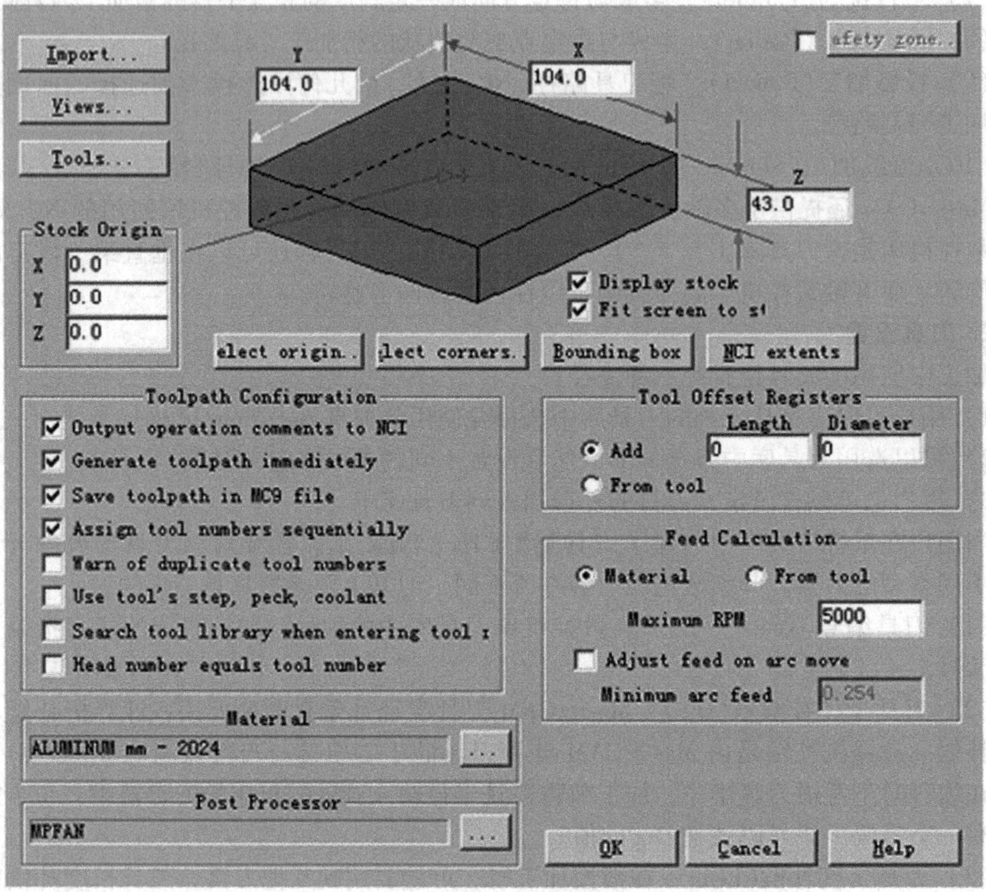

图6-18　Job Setup对话框

组成。

（1）安全高度(Clearance)　在加工时，刀具快速移动到安全高度。分两种方法定义安全高度：绝对高度(Absolute)和增量高度(Incremental)。绝对高度是按照工件坐标系设置安全高度，而增量高度是根据零件表面的相对高度设置安全高度。

（2）参考高度(Retract)　刀具在进行下一道路径加工时，刀具提刀到参考高度。

（3）下刀位置(Feed plane)　刀具从安全高度快速“G00”移动到下刀位置，然后用“G01”下刀逼近零件表面。

（4）零件表面的高度(Top of stock)。

（5）背吃刀量(Depth)。

（6）刀具半径补偿类型(Compensation type)　是计算机补偿还是控制器补偿。

（7）刀具半径补偿方向(Compensation direction)　是左补偿还是右补偿。

（8）XY stock to leave　加工完成后，在 *XY* 面上为下道工序留下的加工余量，即零件的实际外形为理论轮廓加上该加工余量。

（9）Z stock to leave　加工完成后，在 *Z* 方向上为下道工序留下的加工余量，即实际背吃刀量是“Depth”的值减去“Z stock to leave”的值。

5. 切削方式

在挖槽加工时，MasterCAM 提供多种切削方式。

(1) 双向切削(Zigzag) 刀具路径的方向由切削角度(Roughing)决定。切削角度是从正 X 轴测量，逆时针为正，如图 6-19 所示。

(2) 等距环切(Constant Overlap Spiral) 以等距切削的螺旋式产生刀具路径，如图 6-20 所示。

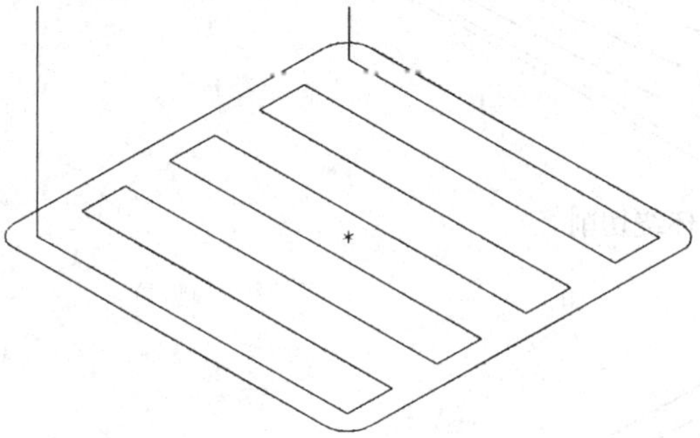

图 6-19 双向切削

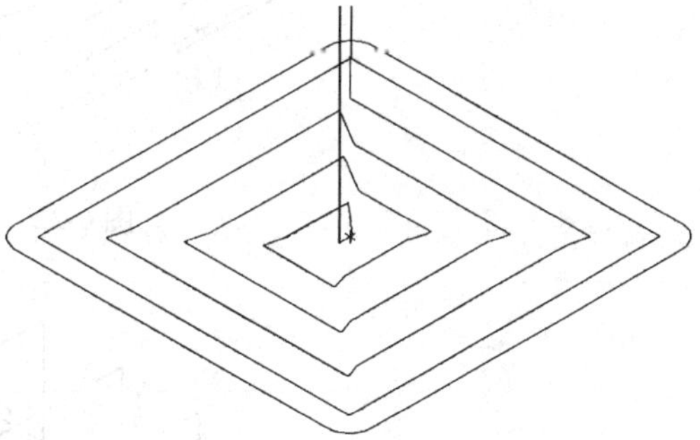

图 6-20 等距环切

(3) 环绕切削(Parallel Spiral) 以平行螺旋式产生刀具路径，如图 6-21 所示。

(4) 外形环绕切削(Morph Spiral) 根据岛屿的外形，以螺旋的方式产生刀具路径，如图 6-22 所示。

(5) 单向切削(One Way) 刀具路径如图 6-23 所示。

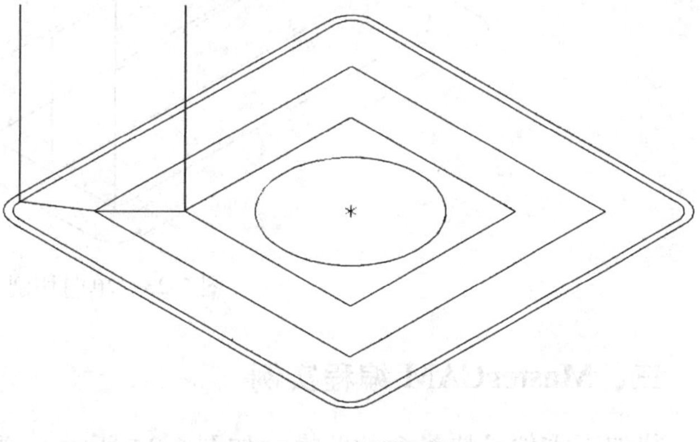

图 6-21 环绕切削

6. 刀具路径模拟和加工模拟

(1) 刀具路径模拟 在系统生成了刀具路径后，用户可以对刀具路径重新在设定的模式下进行显示。在刀具路径的模拟中，有两种方式：刀具在屏幕上以步进方式(Step)移动，或刀具自动从头到尾走完整个刀具路径。在刀具路径模拟过程中，通过系统提供的其他选项，如 Show path、Show tool、Show hold、Verify 等显示刀具中心移动轨迹、显示刀具、显示夹头和显示工件被切削的痕迹。

(2) 加工模拟 在生成了刀具路径后，用户可以对刀具路径进行加工模拟。和刀具路径模拟的不同之处，在于加工模拟只在屏幕上显示出设置的工件外形，然后模拟刀具沿刀具路径进行切削加工的过程和显示最终加工的零件形状。

7. 后置处理

针对具体的数控机床控制系统选择相应的后置处理文件(后缀为 pst 的文件)，对 CAM 系统产生的刀位文件(NCI 文件)进行后置处理，形成数控程序文件(NC 文件)，将 NC 文件输入到数控机床即可进行数控加工。

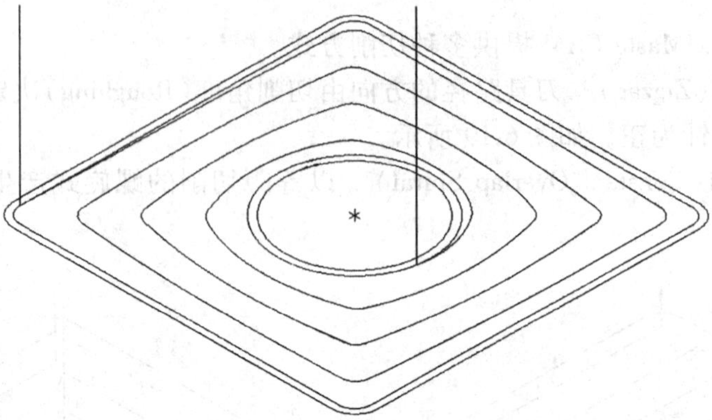

图6-22　外形环绕切削

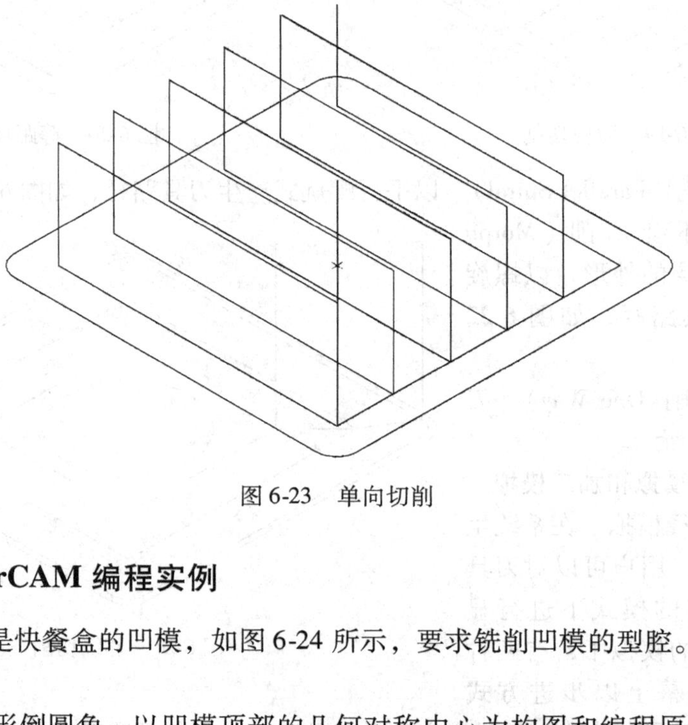

图6-23　单向切削

三、MasterCAM 编程实例

待加工零件是快餐盒的凹模，如图6-24 所示，要求铣削凹模的型腔。

1. 曲面造型

（1）绘制矩形倒圆角　以凹模顶部的几何对称中心为构图和编程原点，选构图平面为俯视图“Cplane/Top”，视角为俯视图“Gview/Top”。设构图面深度 $Z=0$，绘制凹模顶部的矩形“Create/Rectangle”，矩形的中心设在构图原点上。同理，设置不同的构图面深度“$Z=-2$mm、-32mm、-38mm、-44mm”，根据相应的尺寸绘制矩形，并倒所有矩形的圆角“Modify/Fillet”，将视角设置为轴测图“Gview/Isometric”，如图6-25 所示。

（2）绘制矩形圆角之间的连线　设置构图平面为3d“Cplane/3d”，单击“Create/Line”，选两点画直线“Endpoints”，用鼠标捕捉矩形倒圆弧对应的端点，如图6-26 所示。为扫描凹模顶部边缘曲面做准备，设置构图平面为前视图“Cplane/Front”，构图面深度 Z 选在顶部矩形倒圆弧的端点上，选“Create/Arc/Endpoints”，捕捉矩形倒圆弧的端点，输入圆弧半径为6 画圆弧。

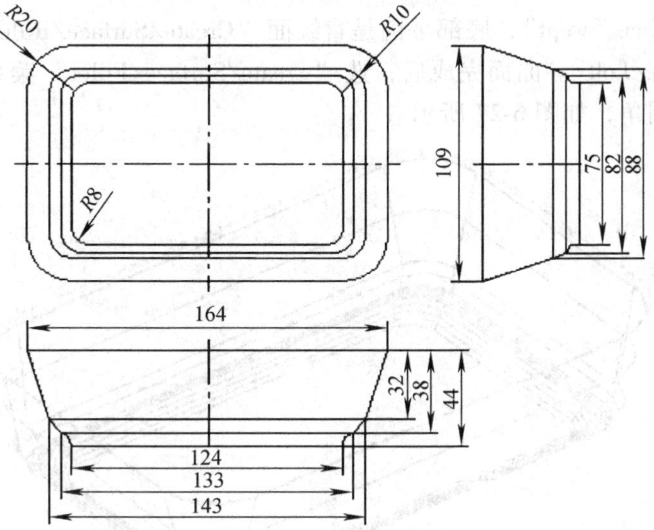

图 6-24 快餐盒的凹模

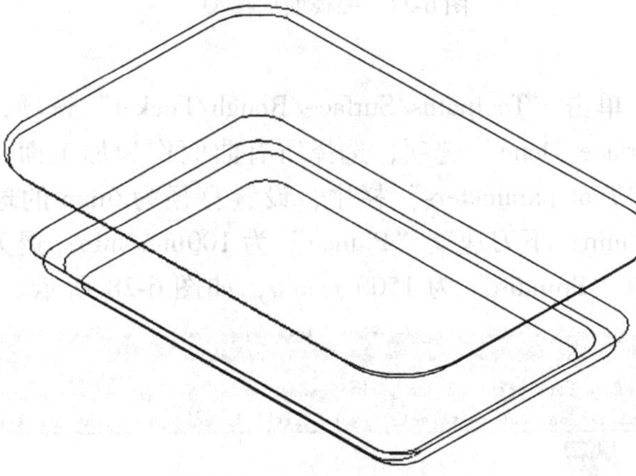

图 6-25 凹模线框

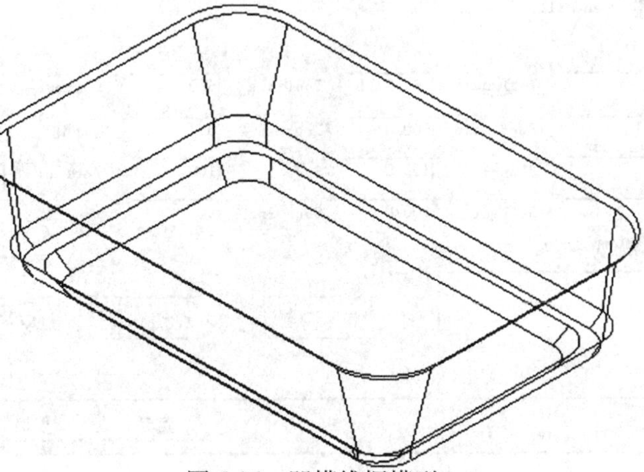

图 6-26 凹模线框模型

（3）构造曲面　快餐盒凹模的侧面是昆氏曲面“Create/Surface/Coons”，顶部为扫描曲面“Create/Surface/Swept”，底部平面是直纹面“Create/Surface/Ruled”，其他是举升曲面“Create/Surface/Loft”。曲面完成后，选“Create/Surface/Fillet”菜单中的“Surf/Surf”选项，倒曲面的圆角，如图6-27所示。

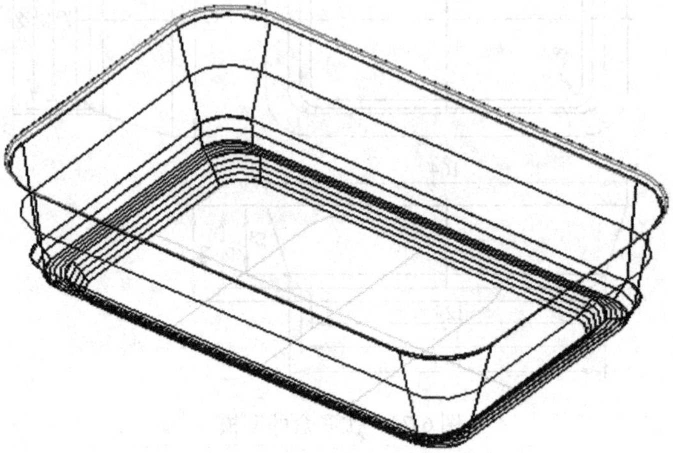

图6-27　凹模曲面模型

2. 数控编程

（1）挖槽粗加工　单击“Toolpaths/Surface/Rough/Pocket”选项，系统弹出选择加工面菜单，单击“All/Surface/Done”选项，选择所有曲面作为加工面，屏幕上弹出挖槽粗加工参数对话框。在“Tool parameters”栏中，设置直径为6mm的球头铣刀；进给速度“Feed rate”为500mm/min；下刀速度“Plunge”为100mm/min；退刀速度“Retract”为100 mm/min；主轴转速“Spindle”为1500 r/min，如图6-28所示。在“Surface parame-

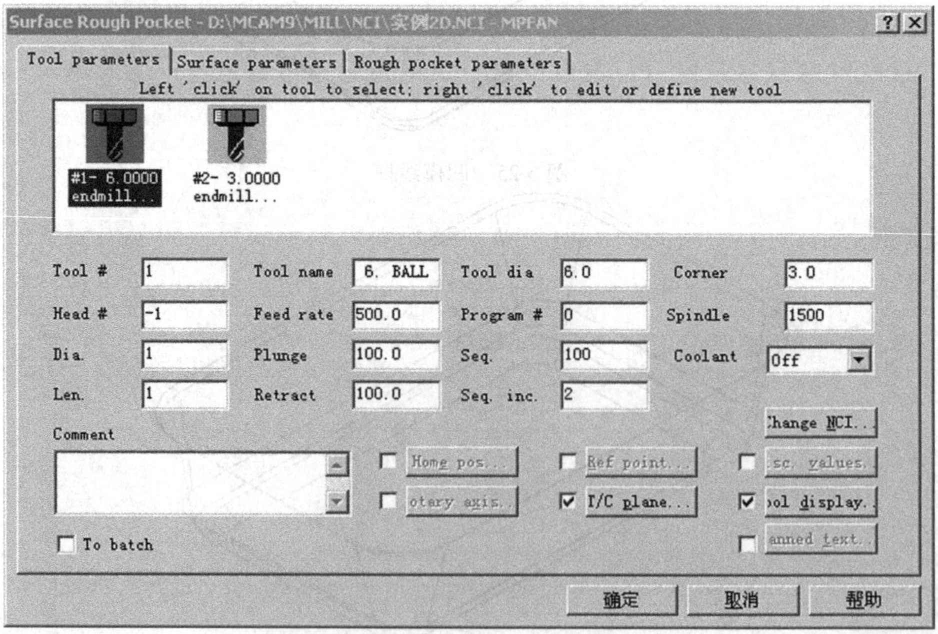

图6-28　“Tool parameters”对话框

ters”栏中，设置安全高度“Clearance”为 60mm；参考高度“Retract”为 50mm；下刀高度“Feed plane”为 5mm；加工余量“Stock to leave”为 0，如图 6-29 所示。在“Rough pocket parameters”栏中选择环切并清角的切削方式，如图 6-30 所示。

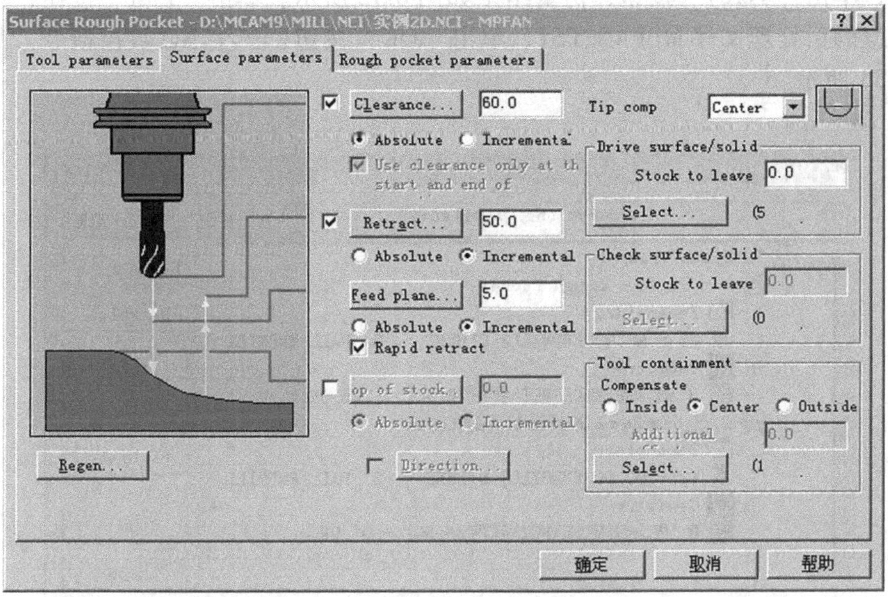

图 6-29 “Surface parameters”对话框

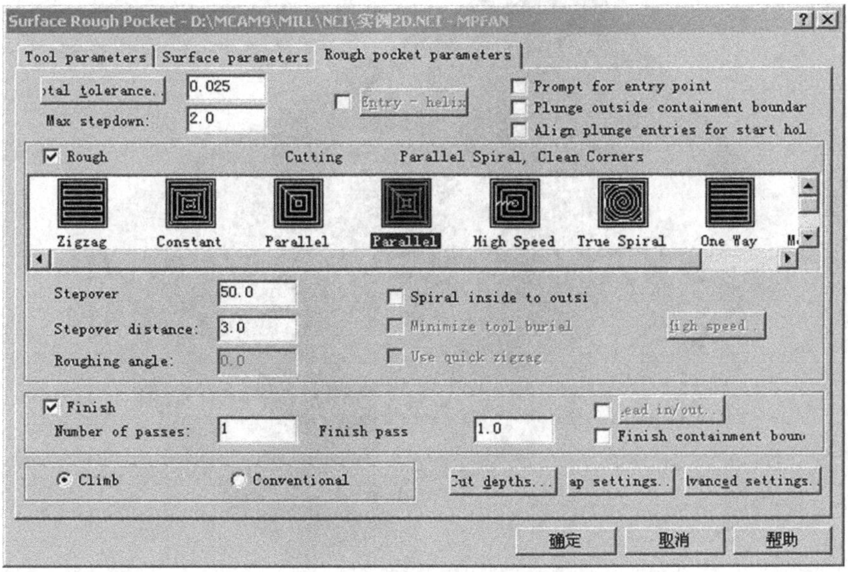

图 6-30 “Rough pocket parameters”对话框

（2）残料加工　单击“Toolpaths/Surface/Finish/Leftover”选项，选择所有的曲面作为加工面，屏幕弹出残料加工参数对话框。在“Tool parameters”栏中，从刀库选择直径为3mm的球头铣刀，其他参数与挖槽粗加工一样。

（3）加工仿真和后处理　单击“Toolpaths/Operations”选项，屏幕弹出图6-31所示的对话框，单击“Verify”按钮，仿真结果如图6-32所示。单击“Post”按钮，选择与数控系统对应的后处理文件MPFAN. PST，单击“OK”按钮，产生NC数控指令，其程序清单如图6-33所示。

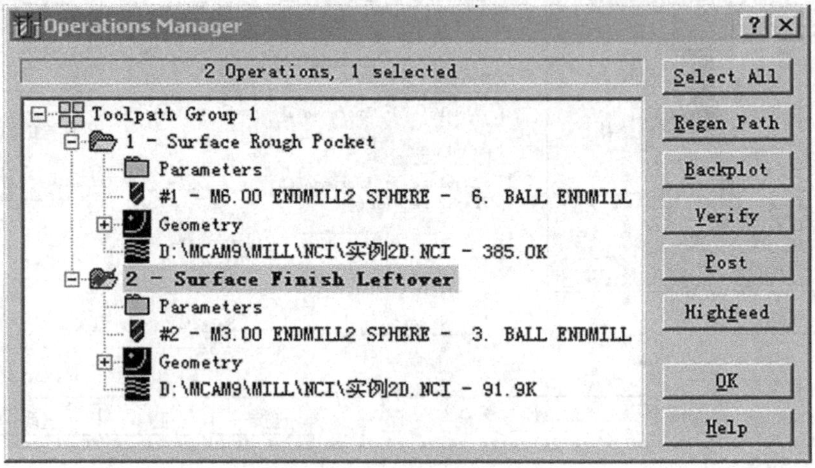

图6-31　NC管理对话框

图6-32　仿真结果

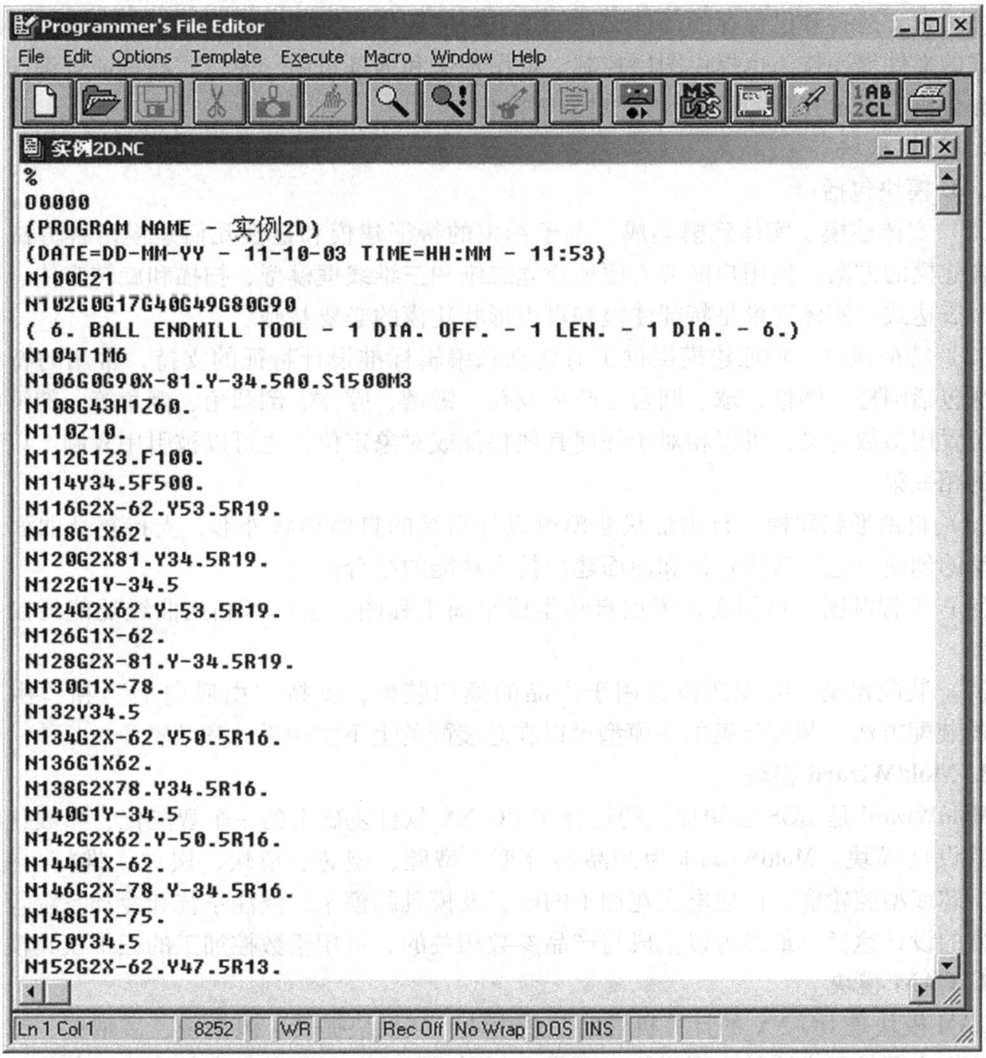

图 6-33 数控程序清单

第二节 UG 应用基础

一、UG 简介

UG 软件是集 CAD/CAE/CAM 一体化的三维参数化软件，是当今世界先进的计算机辅助设计、分析和制造软件。UG NX 软件由美国 EDS 公司开发，包括多个模块，主要有 CAD、CAM、CAE、注射模、钣金件、Web、管路应用、质量工程应用、逆向工程等应用模块，广泛应用于航空、航天、汽车、造船、通用机械和电子等工业领域。

1. Gateway

Gateway 是用户打开 NX 进入的第一个应用模块。Gateway 是执行其他交互应用模块的先决条件，该模块为 UG NX 的其他模块运行提供了底层统一的数据库支持和一个图形交互环境。它支持打开已保存的部件文件、建立新的部件文件、绘制工程图以及输入输出不同格式的文件等操作，也提供图层控制、视图定义和屏幕布局、表达式和特征查询、对象信息和分析、显示控制和隐藏/再现对象等操作。

2. CAD 模块

CAD 模块包括：

（1）实体建模　实体建模集成了基于约束的特征建模和显性几何建模两种方法，提供符合建模的方案，使用户能够方便地建立二维和三维线框模型、扫描和旋转实体、布尔运算及表达式。实体建模是特征建模和自由形状建模的必要基础。

（2）特征建模　特征建模提供了对建立和编辑标准设计特征的支持，常用的特征建模方法包括圆柱、圆锥、球、圆台、凸垫及孔、键槽、腔体、倒圆角、倒角等。特征的尺寸和位置用参数定义，可以相对于任何其他特征或对象定位，也可以被引用复制，以建立特征的相关集。

（3）自由形状建模　自由形状建模可设计高级的自由形状外形，支持复杂曲面和实体模型的创建。它是实体建模和曲面建模技术功能的结合。

（4）工程制图　可用实体模型自动生成平面工程图，也可以利用曲线功能绘制平面工程图。

（5）装配建模　装配建模是用于产品的模拟装配，支持“由底向上”和“由顶向下”的装配方法。装配建模的主模型可以在总装配的上下文中设计和编辑。

3. MoldWizard 模块

MoldWizard 是 UGS 公司提供的运行在 UG NX 软件基础上的一个智能化、参数化的注射模具设计模块。MoldWizard 为产品的分型、型腔、型芯、滑块、嵌件、推杆、镶块、复杂型芯或型腔轮廓、创建电火花加工的电极及模具的模架、浇注系统和冷却系统等提供了方便的设计途径，最终可以生成与产品参数相关的、可用于数控加工的三维模具模型。

4. CAM 模块

CAM 模块是 UG NX 的计算机辅助制造模块，该模块提供了包括铣、多轴铣、车、线切割、钣金等加工方法的交互操作，还具有图形后处理和机床数据文件生成器的支持。同时又提供了制造资源管理系统、切削仿真、图形刀轨编辑器、机床仿真等功能。

5. 产品分析模块

产品分析模块集成了有限元分析的功能，可用于对产品模型进行受力、受热后的变形分析，可以建立有限元模型、对模型进行分析和对分析后的结果进行处理。

二、UG 编程步骤

1. UG 编程一般步骤

在 UG/CAM 系统中，进行数控编程的步骤如下：

1）分析需加工的零件，确定加工方案和工艺，选择合理的刀具、夹具，建立加工模型。

2）选择合适的配置和模板，进入加工环境。

3）根据需要创建程序、几何体、刀具和方法 4 个加工父节点组。

4）创建操作。

5）在“操作”对话框中设置各种加工工艺参数，选择各类加工几何体。

6）生成刀具轨迹。

7）对刀具轨迹进行仿真检验。

8）进行后处理，将刀具轨迹转换处理为机床数控系统所要求的 NC 程序。

9）生成车间工艺文档。

UG/CAM 数控加工流程如图 6-34 所示，UG/CAM 提供了数控铣加工、数控车加工、线切割等诸多功能。

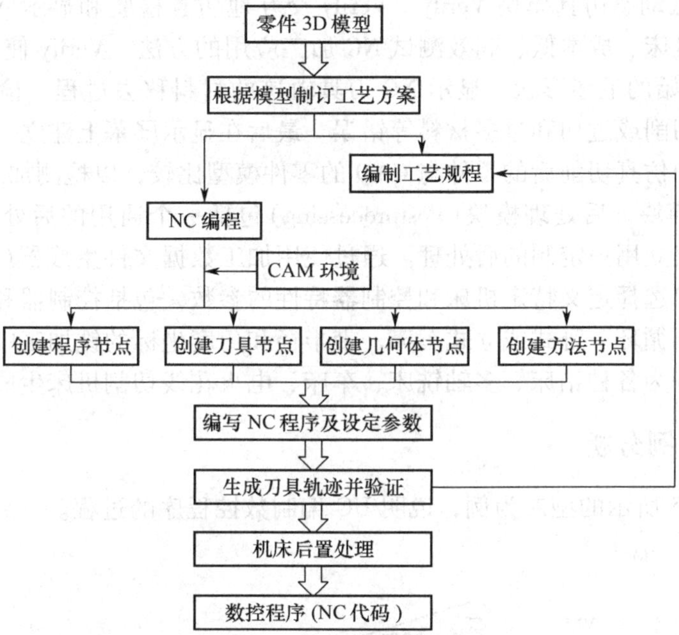

图 6-34　UG/CAM 数控加工流程

2. UG/CAM 基本功能

（1）通用加工模块　UG/CAM 系统的通用加工模块主要分铣削加工、车削加工、点位加工、线切割加工四大类。

1）铣削加工。铣削主要有以下功能：

① Point to Point：完成各种孔加工。

② Panar Mill：平面铣削，包括单向行切、双向行切、环切以及轮廓加工等。

③ Fixed Contour：固定轴投影加工。用投影方法控制刀具在单张曲面上或多张曲面上的移动，控制刀具移动的可以是已生成的刀具轨迹、一系列点或一组曲线。

④ Variable Contour：可变轴投影加工。

⑤ Parameter Line：等参数线加工，可对单张曲面或多张曲面连续加工。

⑥ Zig-Zag Surface：裁剪面加工。

⑦ Rough to Depth：粗加工。将毛坯粗加工到指定深度。

⑧ Cavity Mill：多级深度型腔加工，特别适用于凸模和凹模的粗加工。

⑨ Sequential Surface：曲面交加工。按照零件面、导动面和检查面的思路对刀具的移

动提供最大程度的控制。

2）车削加工。车削加工模块(Lathe)提供粗车、多次走刀精车、车退刀槽、车螺纹和钻中心孔、控制进给量、设置主轴转速和加工余量等操作，以及在屏幕模拟显示刀具路径、检测参数设置是否正确、生成刀位源文件(CLS)等功能。

3）点位加工。点位加工模块用于钻、镗、扩、铰、攻螺纹等孔加工，以点为驱动几何体，可以选择不同的固定循环进行加工。

4）线切割加工。线切割加工模块用于线切割加工编程，分为两轴和四轴加工两种类型。

(2) 三维加工动态仿真模块 Verify　Verify 交互地仿真检验和显示 NC 刀具轨迹，它是一个无需利用机床、成本低、高效测试 NC 加工应用的方法。Verify 使用 UG/CAM 定义的 BLANK 作为初始的毛坯形状，显示 NC 刀具轨迹的材料移去过程，检验包括如刀具和零件碰撞、曲面切削或过切和过多材料等错误。最后在显示屏幕上建立一个完成零件的着色模型，并可以把仿真切削后的零件与 CAD 的零件模型比较，以检测加工精度。

(3) 后处理模块　后处理模块(Postprocessing)包括一个通用的后处理器(GPM)，使用户能够方便地建立用户定制的后处理。通过使用加工数据文件生成器(MDFG)，一系列交互选项提示用户选择定义特定机床和控制器特性的参数，包括控制器和机床特征、线性和圆弧插补、标准循环、卧式或立式车床、带半径和角度坐标的铣加工中心等。这些易于使用的对话框允许为各种钻床、多轴铣床、车床、电火花线切割机床生成后处理器。

三、编程实例分析

下面以图 6-35 所示的型芯为例，说明 UG 编制数控程序的过程。

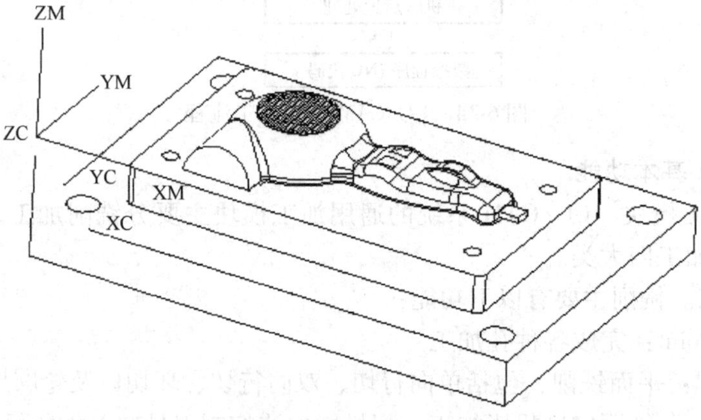

图 6-35　型芯三维图

1. 分析零件，确定加工方案和工艺，进行加工工艺分析和规划

该型芯含有凸出外形、平面和孔特征。型芯外形可以采用型腔铣(CAVITY _ MILL)进行粗加工，使用固定轴曲面轮廓铣进行半精加工(CONTOUR _ AREA)和精加工(CONTOUR _ AREA)及清根(FLOWCUT _ REF _ TOOL)去除先前操作中剩余的材料，平面采用区域面铣削(FACE _ MILLIG _ AREA)进行精加工，孔采用点钻(SPOT _ DRILLING)和钻孔(DRILLING)进行加工，最终完成整个零件加工。型芯加工方案见表 6-1。

表 6-1 型芯加工方案

工 序 号	加 工 内 容	加 工 方 式	机床与刀具
1	下料		
2	铣六面体	铣	铣床
3	精磨外形尺寸、底面，平面度小于 0.01mm	平磨	平面磨床
4	将工件装在工作台上	毛坯尺寸：315mm×225mm×81mm	立式加工中心
5	粗铣型芯外形	CAVITY _ MILL	ϕ20mm 立铣刀
6	铣平面	FACE _ MILLIG _ AREA	ϕ50mm 立铣刀
7	点钻 4×ϕ20mm 孔，4×ϕ10mm 孔	SPOT _ DRILLING	ϕ6mm 钻头
8	钻 4×ϕ10mm 孔	DRILLING	ϕ10mm 钻头
9	钻 4×ϕ20mm 孔	DRILLING	ϕ20mm 钻头
10	半精铣型芯外形	CONTOUR _ AREA	ϕ25mm 球头铣刀
11	精铣型芯外形	CONTOUR _ AREA	ϕ10mm 球头铣刀
12	清根加工	FLOWCUT _ REF _ TOOL	ϕ6mm 球头铣刀
13	清根加工	FLOWCUT _ REF _ TOOL	ϕ3mm 球头铣刀

2. 选择合适的配置和模板，进入加工环境

打开"UG. PRT"进行编程操作。进入 UG 加工模块，选择"cam _ general"和"mill _ contour"加工环境，初始化加工环境。

3. 根据需要创建程序、几何体、刀具和方法 4 个加工父节点组

加工父节点组相当于通用节点，这些参数可被后面编写的程序调用。

（1）创建程序　用户可自己预先设定程序，供后续编程选用。创建的程序相当于后续编程方法放置的目录。本例所有加工程序均放置在默认的程序名 NC _ PROGRAM 下，如图 6-36 所示。加工程序的目录树如图 6-37 所示。

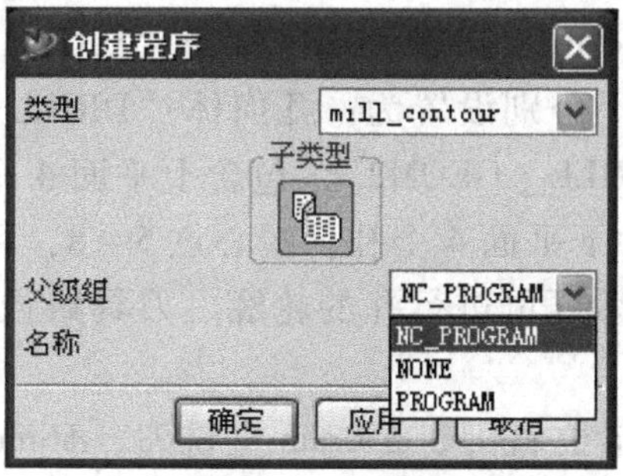

图 6-36　创建程序

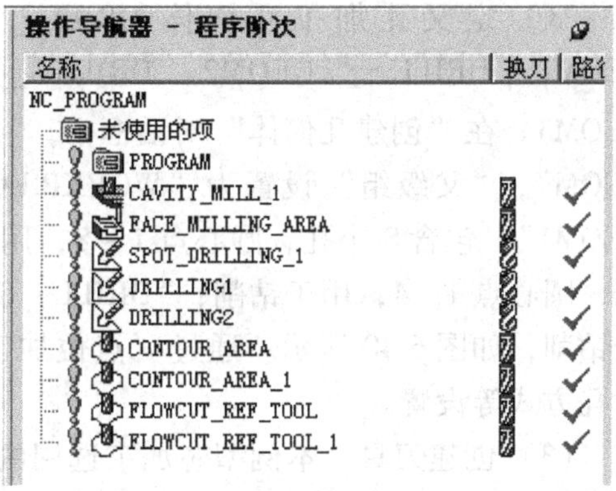

图 6-37　加工程序的目录树

（2）创建几何体　本例型芯中定义的几何体包括 MCS、WORKPIECE、DRILL _ GEOM1、DRILL _ GEOM2、DRILL _ GEOM3。分析目录树，可知各加工工序所使用的几何体和加工方法，如图 6-38 所示。

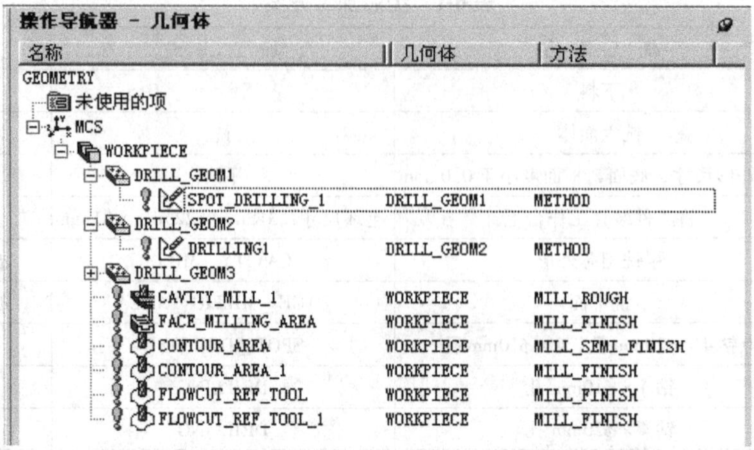

图6-38 型芯各加工工序使用的几何体和加工方法

1）定义加工坐标系(MCS)。本例型芯MCS位置设置在毛坯左上角。

2）定义WORKPIECE。在“加工创建”工具条中单击“创建几何体”按钮，在“创建几何体”对话框中，“类型”选择为“mill_contour”，选择“子类型”为“WORKPIECE”，“父级组”设置为“MCS”，“名称”为“WORKPIECE”。

定义的WORKPIECE应包括部件几何体(被加工几何体)、隐藏几何体(毛坯几何体)、检查几何体(产生干涉、需避让的几何体)。本例选择整个型芯作为部件几何体、型芯毛坯长方体作为毛坯几何体，本例不用检查几何体，采用立式加工中心，在平口钳上装夹，如图6-39所示。

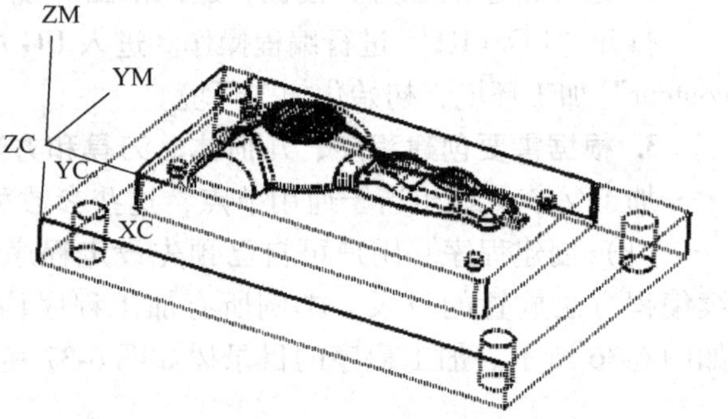

图6-39 毛坯几何体

3）定义孔加工几何体DRILL_GEOM1、DRILL_GEOM2、DRILL_GEOM3。在“创建几何体”对话框中，“类型”选择“drill”，“子类型”选择“DRILL_GEOM”，“父级组”设置为“WORKPIECE”。“名称”分别设置为：几何体“DRILL_GEOM1”，包含8个孔，圆心点1~8，用于点钻；“DRILL_GEOM2”，包含上平面4个孔，圆心点1~4，用于钻削；“DRILL_GEOM3”，包含下平面4个孔，圆心点5~8，用于钻削，如图6-40所示。通过“点位加工几何体”对话框可进行孔的轮廓、刀具路径、钻孔方式等设置。

(3) 创建刀具 本例型芯加工选用的刀具有ϕ20mm立铣刀、ϕ50mm立铣刀、ϕ6mm点钻头、ϕ10mm钻头、ϕ20mm钻头、ϕ25mm球头铣刀、ϕ10mm球头铣刀、ϕ6mm球头铣刀、ϕ3mm球头铣刀。

以创建ϕ20mm立铣刀为例，在“加工创建”工具条上单击“创建刀具”按钮，在“创建刀具”对话框中，“类型”选择“mill_contour”，子类型选择“MILL”，“名称”设置为“ENDMILL_D20”，如图6-41所示。按“确定”后弹出“刀具”对话框，设定铣刀直径为 20、长度为 75、刃口长度为 50、刃数为 2，如图 6-42 所示。采用类似方法可创建其他刀具。

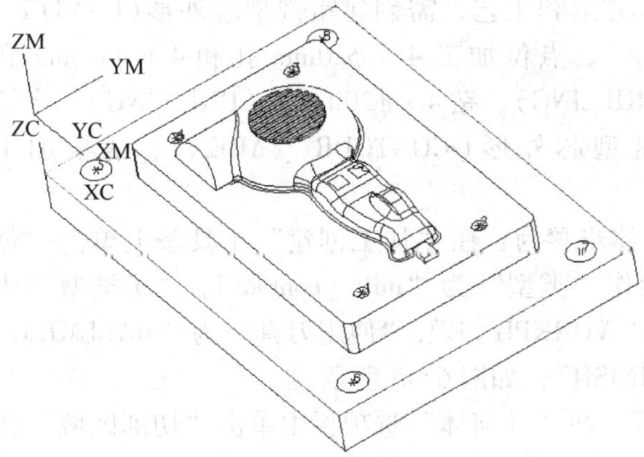

图 6-40　孔加工几何体

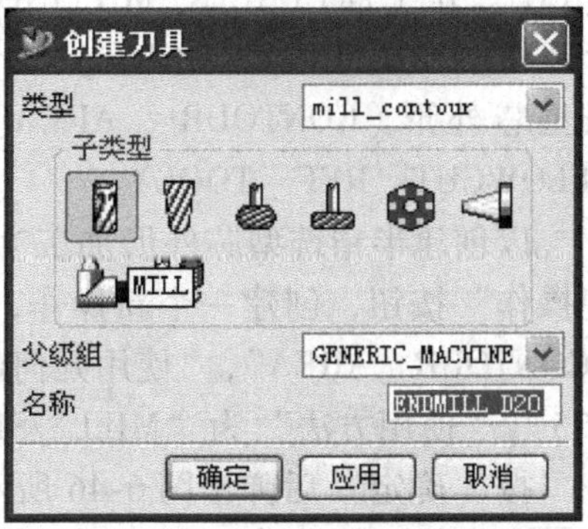

图 6-41　创建 ϕ20mm 立铣刀（名称为 ENDMILL _ D20）

（4）创建方法　利用创建方法功能可预先设定加工方法，以供后续编程选用。在“加工创建”工具条上单击“创建方法”按钮，弹出“创建方法”对话框，如图 6-43 所示，选择好各项按“确定”后，即可设置部件余量、内外公差等，创建粗加工、半精加工、精加工等加工方法，如图 6-44 所示。

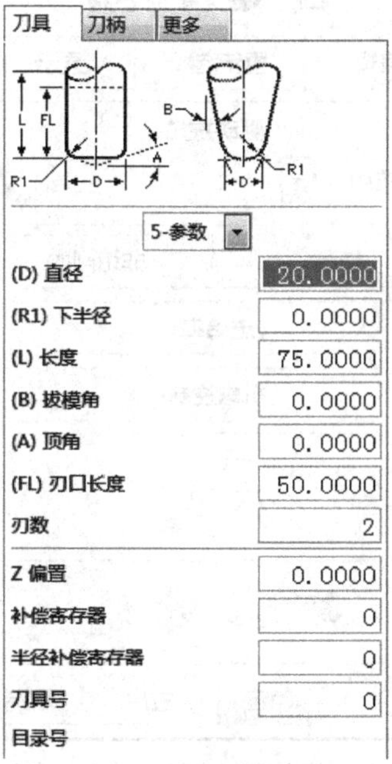

图 6-42　设置刀具参数

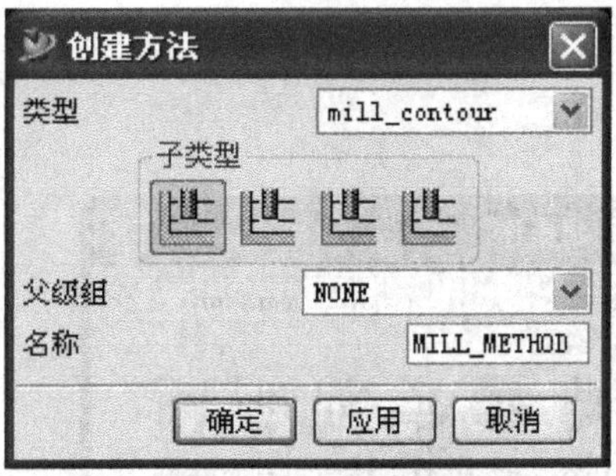

图 6-43　创建方法

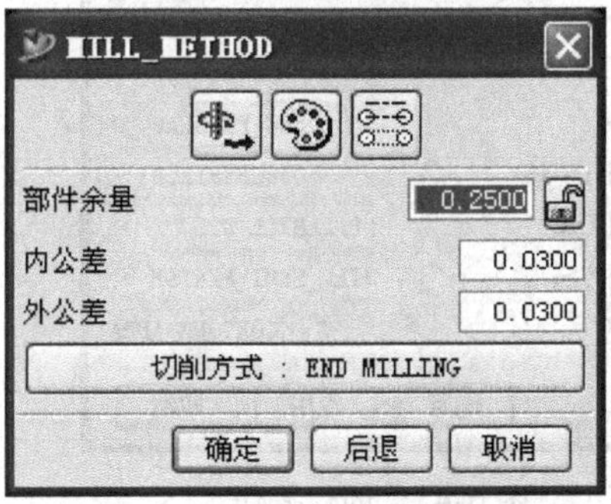

图 6-44　半精加工的加工方法设置

4. 创建操作，设计加工工艺

创建操作用于设置各种加工工艺参数，选择各类加工几何体，创建工件加工的刀具轨迹。本例型芯加工中，根据已确定的加工方案和工艺，需创建粗铣型芯外形(CAVITY _ MILL)、铣平面(FACE _ MILLING _ AREA)、点位加工 4 × ϕ20mm 孔和 4 × ϕ10mm 孔(SPOT _ DRILLING)、钻 4 × ϕ10mm 孔(DRILLING)、钻 4 × ϕ20mm 孔(DRILLING)、半精铣型芯外形(CONTOUR _ AREA)、精铣型芯外形(CONTOUR _ AREA)、清根加工(FLOWCUT _ REF _ TOOL)。

以创建半精铣型芯外形加工为例，具体步骤为：在“加工创建”工具条上单击“创建操作”按钮，创建一个新操作，选择操作“类型”为“mill _ contour”，“子类型”为“CONTOUR _ AREA”，“使用几何体”为“WORKPIECE”，“使用刀具”为“BALLMILL _ D25”，“使用方法”为“MILL _ SEMI _ FINISH”，如图 6-45 所示。

按“确定”后弹出图 6-46 所示对话框，在“几何体”选项栏中单击“切削区域”按钮，选择图 6-47 所示型芯外表面。单击“编辑”按钮，进入“区域铣削驱动方式”对话框，如图 6-48 所示，在“陡峭包含”下拉列表中选择“无”，在“图样”下拉列表中选择“跟随周边”，在“步进”下拉列表中选择“残余波峰高度”，“高度”设置为“0.2”，“切削方向”为“顺铣切削”。

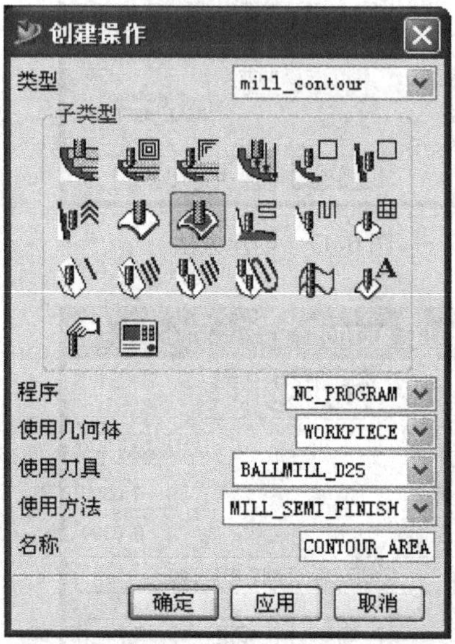

图 6-45　创建操作

图 6-46　FACE _ MILLING _ AREA 参数设置

设置完成即返回“区域轮廓铣”对话框(图 6-46)，单击“切削”按钮，设置切削参数。在“策略”选项卡“切削方向”中选择“向外”，如图 6-49 所示；在“毛坯”选项

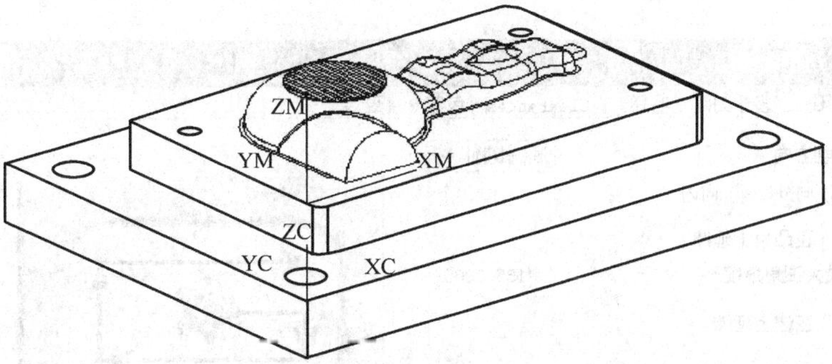

图 6-47　选择切削区域

卡“部件余量”文本框中输入“0.2”，如图 6-50 所示。设置完成，返回图 6-46 所示对话框，单击“生成”按钮，生成刀具加工轨迹仿真效果如图 6-51 所示。

5. 仿真检验与后处理

根据上述工艺设计，对刀具加工轨迹进行仿真检验和后处理，将其转换处理为机床数控系统所要求的 NC 程序，生成车间工艺文档。

（1）机床的导入　确定加工工序后，需导入相应的机床进行仿真模拟。本例型芯采用三轴立式数控铣床进行加工。在图 6-52 所示的操作导航器中，单击“NULL_MACHINE”按右键进入“替换机床”命令，在“库类选择”中选择铣削“MILL”，然后选择“sim010101_001_mm 3-AX Mill(MM)(XY-TB/Z-HD/Vert)”型机床导入，如图 6-53 所示。在“部件安装”对话框中选择“使用装配定位”，设定安装方法；“定位”选择“配对”，设定定位方式。最后导入机床，装配完毕，如图 6-54 所示。

（2）分析机床目录树，添加组件　进入机床导航器，展开目录树，如图 6-55 所示。在设备组件“SETUP”中，进行双击选择，将设备组件“PART”指定为所加工的零件，“BLANK”指定为毛坯，“FIXTURE”指定为夹具。

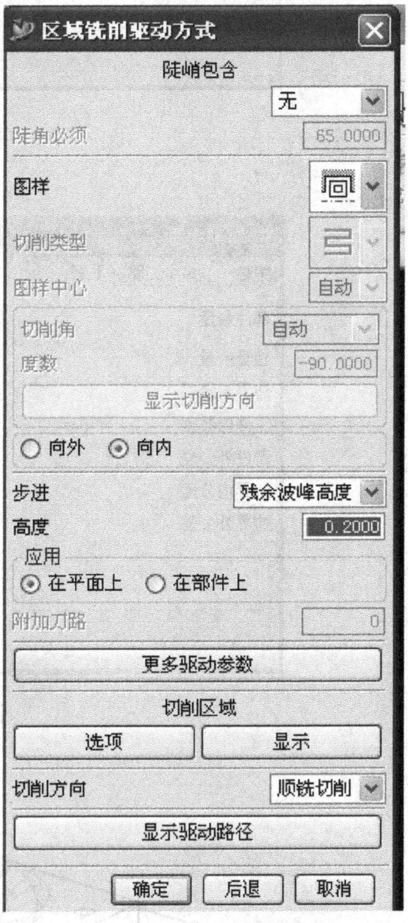

图 6-48　驱动方式设置

（3）机床加工仿真模拟　进入操作导航器机床视图，选择第一行节点按右键，选择“刀轨”菜单条下的“仿真”命令，进入图 6-56 所示的“仿真控制面板”对话框。在“动画设置”栏中，勾选“显示 3D 材料移除”和“显示刀轨”，确定后单击“播放”按钮，进行综合仿真检查，如图 6-57 所示。仿真有利于发现切削过程中的问题，便于及时修改。

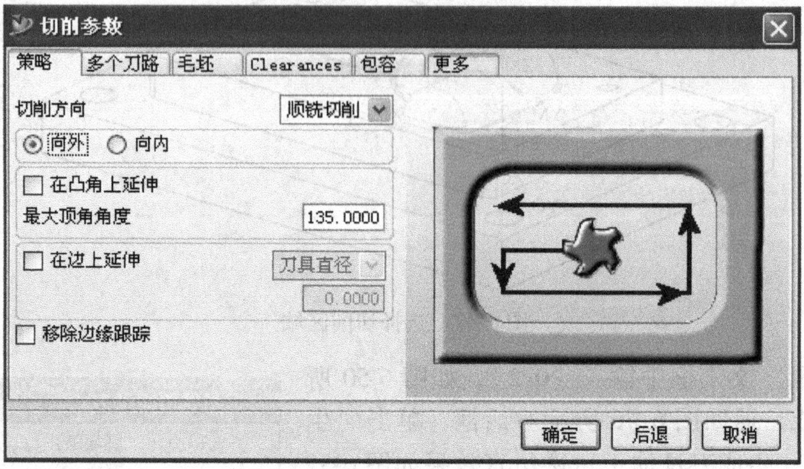

图 6-49 设置切削参数

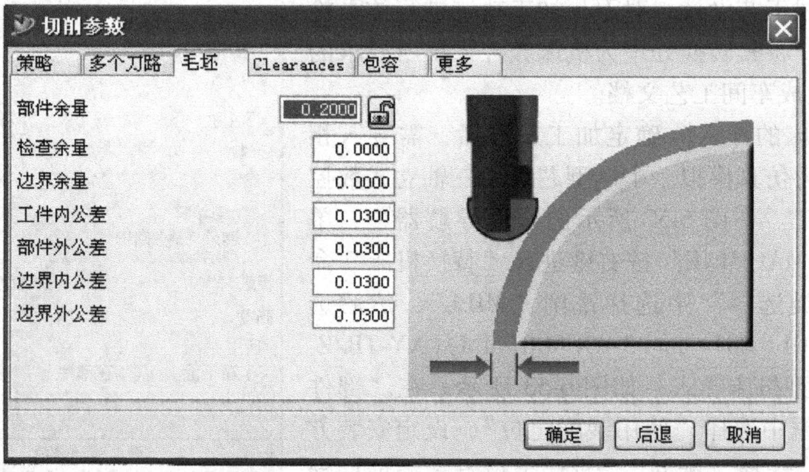

图 6-50 设置切削参数

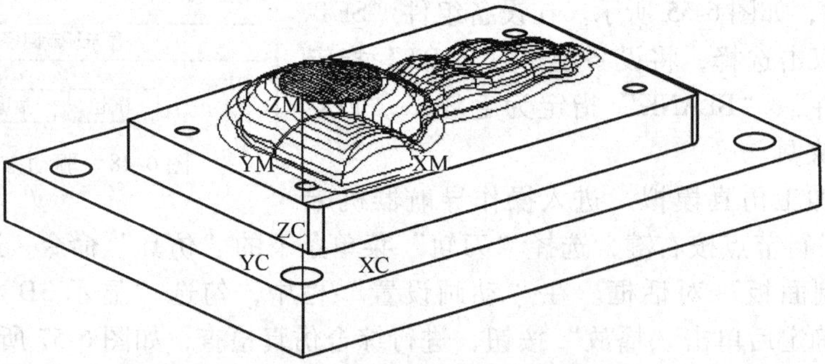

图 6-51 生成刀具加工轨迹仿真效果

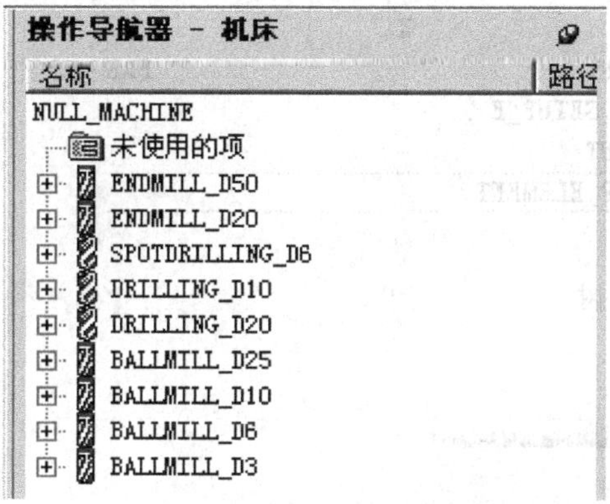

图 6-52 操作导航器

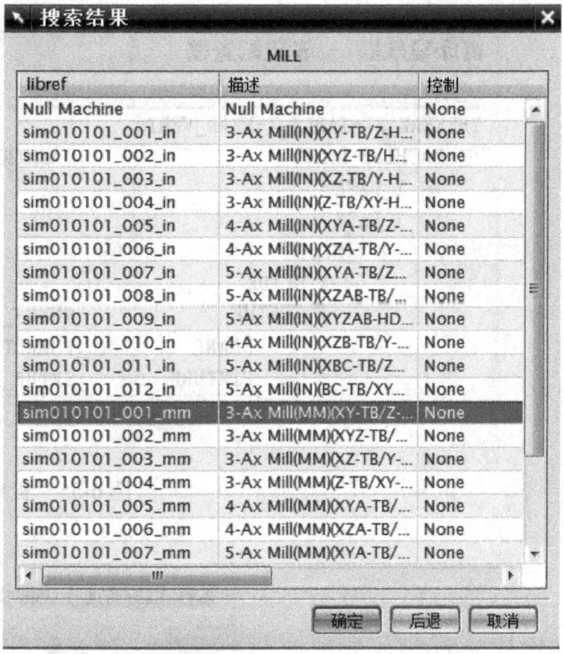

图 6-53 机床库搜索

（4）后处理，生成 NC 代码 利用 UG 加工模块生成零件加工的刀具路径后，数控机床并不能立即进行零件加工操作，因为此时还没有生成数控机床能够识别的数控程序，这就要求用户利用系统提供的后处理功能把刀具路径(或者刀具位置源文件)转化成为机床可识别的 NC 程序。

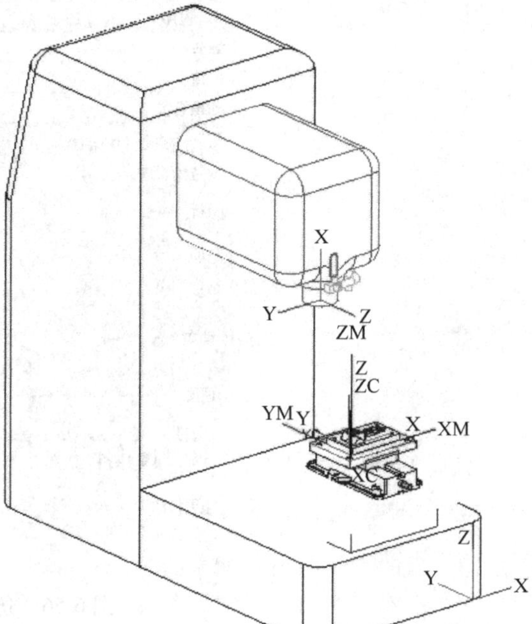

图 6-54 导入机床装配完毕

由于刀具位置源文件的生成过程与数控机床无关，所以生成刀具源文件时并不需要考虑使用哪种机床对零件进行加工，而且经过后处理后生成的数控程序可以应用到各种特定的数控机床，从而提高了刀具位置源文件的通用性。

在加工环境下，在“操作导航器”的“程序顺序”视图中，单击“加工操作”工具栏中的“后处理”按钮，弹出“后处理”对话框，如图 6-58 所示。选择“可用机床”为“MILL 3 _ AXIS”，按“确定”后生成数控加工程序，如图 6-59 所示。

（5）生成车间工艺文档 车间工艺文档是一种加工信息文件，是机床操作人员加工零件的文档资料。它包含的信息有零件几何、零件材料、控制几何、加工参数、加工次

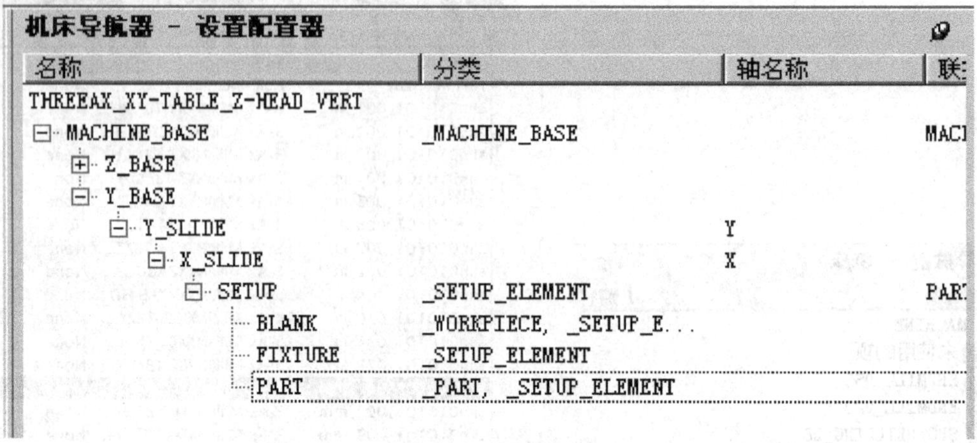

图 6-55 机床目录树

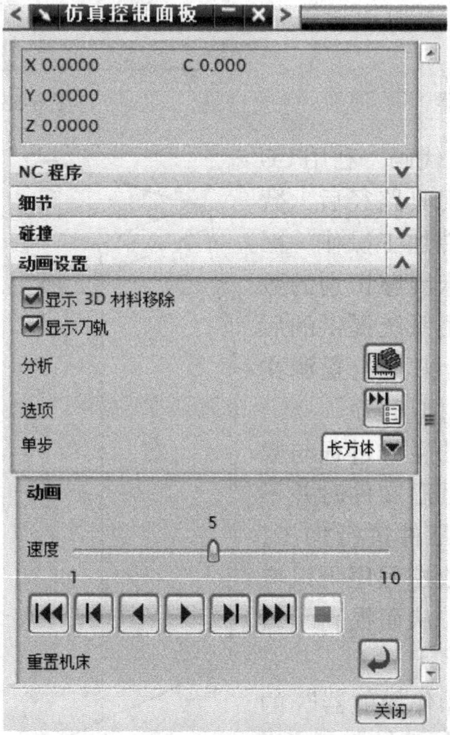

图 6-56 仿真设置

序、机床刀具控制事件、后处理命令、刀具参数和刀具轨迹信息等。

进入操作导航器的“程序顺序”视图，选择“NC PROGRAMME”节点；在“加工操作”工具栏中，单击“车间文档”按钮，弹出“车间文档”对话框，如图 6-60 所示，在“报告格式”列表中选择“Advanced Operation List(HTML)”格式，按“确定”后生成车间文档，如图 6-61 所示。

图 6-57　机床仿真加工

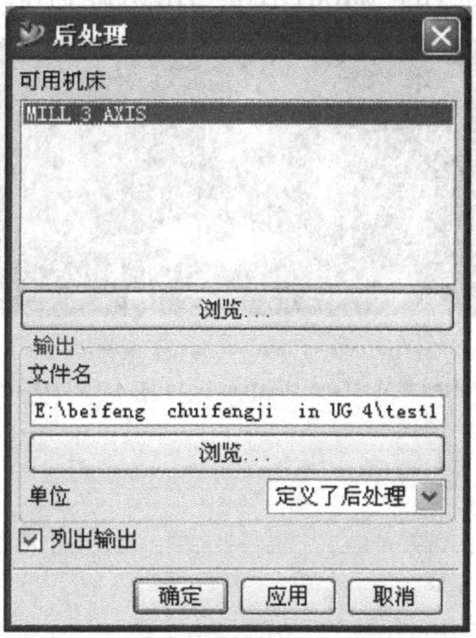

图 6-58　“后处理”对话框

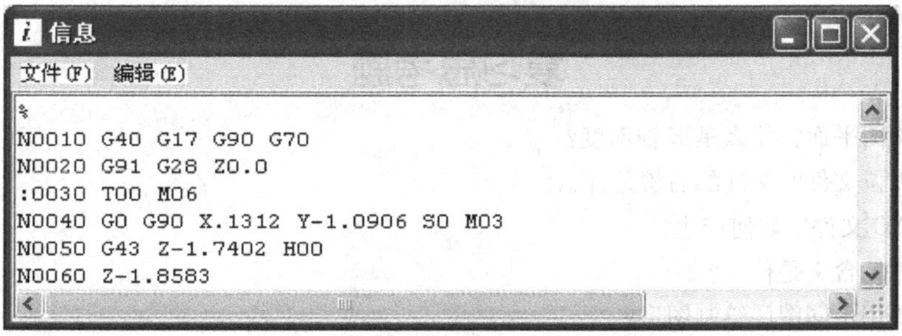

图 6-59　输出的数控加工程序

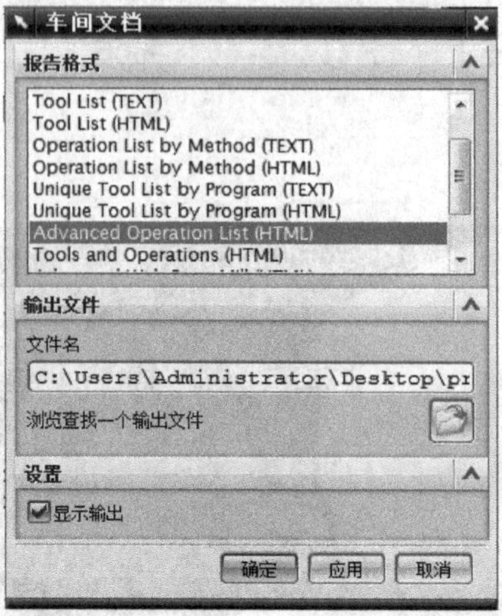

图 6-60　选择车间文档格式

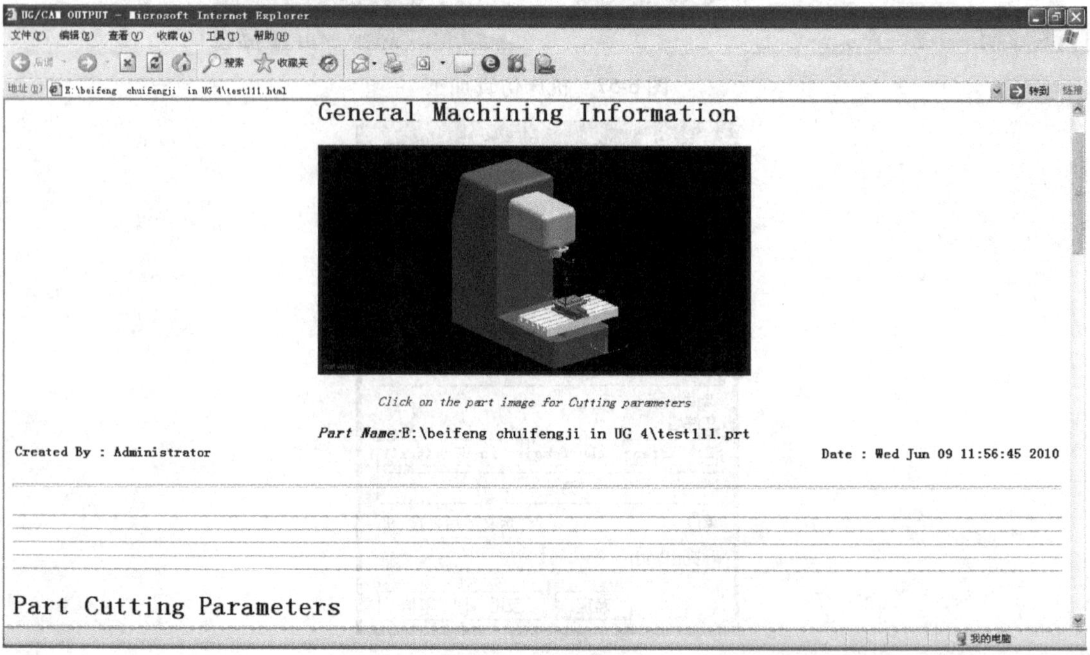

图 6-61　车间文档

复习思考题

1. 什么是构图平面？什么是 Z 轴深度？
2. 什么是刀位文件？文件的后缀是什么？
3. 什么是 NC 文件？如何产生？
4. 图形视角的含义是什么？
5. 为什么要用不同图层绘制图形？
6. MasterCAM 采用几种坐标系统？如何定义坐标的方向？

7. 说明安全高度、退刀高度、进刀高度的含义及作用。
8. 简述 MasterCAM 数控编程的大体过程。
9. MasterCAM 刀具半径补偿有几种方法?
10. 为什么要进行刀具长度补偿?
11. UG/CAM 模块有哪些主要功能?
12. 简述 UG 编程的一般步骤。
13. 结合图 6-35 型芯三维图，分析工件坐标系和加工坐标系的设置方法及两者之间的相互关系。
14. 结合表 6-1，分析型芯的加工方案。
15. 为什么要设置加工父节点组?
16. UG 中几何体有哪几类? 各有什么用途?
17. 结合图 6-55，分析机床目录树的结构与组成。

参 考 文 献

[1] 吴祖育，秦鹏飞．数控机床[M]．3版．上海：上海科学技术出版社，2000.
[2] 全国数控培训网络天津分中心．数控机床[M]．北京：机械工业出版社，1999.
[3] 华茂发，周健．数控机床加工工艺[M]．北京：机械工业出版社，2000.
[4] 刘书华．数控机床与编程[M]．北京：机械工业出版社，2001.
[5] 刘艳芳，等．数控机床编程基础[M]．北京：机械工业出版社，2000.
[6] 实用数控加工技术编委会．实用数控加工技术[M]．北京：兵器工业出版社，1995.
[7] 蔡汉明，宋晓梅．MasterCAM8.0实用教程[M]．北京：人民邮电出版社，2001.
[8] 王睿．MasterCAM9.0实用教程[M]．北京：人民邮电出版社，2002.
[9] 李蓓智．先进制造技术[M]．北京：高等教育出版社，2007.
[10] 袁哲俊，王先逵．精密和超精密加工技术[M]．北京：机械工业出版社，1999.
[11] 袁巨龙，等．超精密加工现状综述[J]．机械工程学报，2007，43(1)：35-45.
[12] 范钦武．模具数控加工技术及应用[M]．北京：化学工业出版社，2004.
[13] 王国业，等．UG NX 7.0中文版从入门到精通[M]．北京：机械工业出版社，2010.
[14] 李锦标，等．UG NX从数控编程到CNC加工实战[M]．北京：机械工业出版社，2009.
[15] 钟平福．UG NX数控加工自动编程入门与技巧100例[M]．北京：化学工业出版社，2009.
[16] 富大伟，刘瑞素．数控系统[M]．北京：化学工业出版社，2005.
[17] 钱平．伺服系统[M]．北京：机械工业出版社，2005.
[18] 行文凯．数控机床操作与维修[M]．北京：清华大学出版社，2009.
[19] 王睿鹏．数控机床编程与操作[M]．北京：机械工业出版社，2009.
[20] 韩玉勇，王士柱．数控机床与编程[M]．2版．北京：国防工业出版社，2009.